消された「種子法」

山田正彦・岩月浩二・浅野正富・田井　勝◉著

TPP交渉差止違憲訴訟の会・弁護団◉編

かもがわ出版

はじめに——「食料への権利」はだれのものか

この本は、種子法廃止違憲訴訟の訴状の内容を紹介するものです。

ＴＰＰ交渉差止・違憲訴訟の会は、ＴＰＰ（Trans-Pacific Partnership Agreement：環太平洋パートナーシップ協定）に引き続き、種子法廃止違憲訴訟に取り組むことにしました。

私たちが「コシヒカリ」や「ササニシキ」など各地の銘柄米を当たり前のように食べることができたのには、法的根拠がありました。日本の主食は、主要農作物種子法という法律によって守られてきたのです。種子法は、質の良い米（麦、大豆）の種子を安定的に提供する責任を都道府県に課しており、種子法による仕組みがあって初めて、私たちは安心して美味しいお米を食べることができていたのです。

種子法は、１９５２年５月１日に公布されました。日本がサンフランシスコ平和条約の発効によって主権を回復したのが４月28日ですから、主権回復後わずか３日で種子法が公布されたのです。安定した食料の確保こそ国家が自立するための不可欠の基礎をなすとの認識は、当時の国会議員に共通するものだったのです。

種子法が対象とする穀物のうち麦や大豆は、その後、圧倒的に輸入に頼るようになってしまいましたが、国産米が安心して食べられる状態が守られてきたのは、種子法とこれに基づく都道府県の努力があったからです。

その種子法が、２０１８年4月1日をもって廃止されました。

衆参、それぞれたった5時間程度の審議で廃止されてしまったのです。

農家や農協の人ですら、ほとんどの人が種子法という法律によって主食が守られているという事実を知りませんでした。廃止を可決した与党議員の大半も、種子法がどれほど大切な法律であるか認識していたとは思えません。与党が決めたことだから、それに従った議員が大半に違いありません。

テレビや新聞も、種子法廃止を、ほとんど取り上げませんでした。

種子法廃止は、米の種子への民間参入の促進を目的として進められました。都道府県は、これまで蓄積した種子に関する知見を民間業者に提供することすら予定されているのです。いわば米の管理が公から民間に移されることになるのです。ご飯は茶碗1杯20円から30円程度です。これは米の種子の管理に税金が投入されてきたために他なりません。種子の管理が営利目的の民間業者に任されるようになれば、種子が高騰し、米の価格も上がることは避けられません。米の多様性も失われ、品質にも不安が生じるでしょう。

ＴＰＰ違憲訴訟を通じて、現代の「自由貿易論」の主眼が「非関税障壁」の撤廃にあること、「自由貿易」の妨げとなる国内の規制を緩和・撤廃し、また公営事業を可能な限り民営化させることがその本質であることを強調してきました。ＴＰＰ違憲訴訟は、残念ながら敗訴が確定しましたが、ＴＰＰに象徴される「自由貿易」が、輸入の妨げになったり外国資本の利益を害したりすると考えられれば、人々の生命や健康、財産を守るための規制であったとしても撤廃しなければならないとするものである、ということを明らかにすることができました。

端的に言えば、ＴＰＰに象徴される「自由貿易」はグローバル企業の利益を人々の生命や健康の上に置き、各国の人々の暮らしの仕組みをグローバル企業優位に作り変えてしまおうとする試みに他ならないのです。

ＴＰＰ交渉参加が取りざたされる頃から、食の安全の分野では大きな変化がありました。それまで多い年でも、年間10件程度に止まっていた安全性審査を終えた遺伝子組み換え食品の件数が跳ね上がり、交渉参加を表明した２０１０年以降30件台に乗り、交渉参加が確定した２０１３年には約１００件近くに及びました。現在では、安全性審査を終えた遺伝子組み換え食品の合計件数は３２０件にものぼり、日本は、米国さえ凌ぐ世界有数の遺伝子組み換え食品の流通が認められる国になってしまいました。

一方では、発がん性が危惧され、世界各国が使用を禁止するなどの措置を採り始めている除草剤であるグリホサートの残留基準が大幅に緩和されました。

これは、モンサント社（現バイエル）が、除草剤「ラウンドアップ」（グリホサート）とこれに耐性を持つ遺伝子組み換え作物をセットで販売する手法を取っているからに他なりません。いうまでもなくモンサント社は、ＴＰＰを推進した強力なメンバーです。

モンサント社を初めとする遺伝子組み換え作物を販売する巨大企業の利益のために、すでに国内の体制は次々と整えられているのです。

また、ＴＰＰの交渉過程では、非関税障壁分野に関する日米二国間合意がなされています。その合意の中には、「日本政府は外国投資家から意見及び提言を求める。意見及び提言は定期的に規制改革会議に付託する。日本国政府は規制改革会議の提言に従って必要な措置を取る」とする規定があります。

政府が外国投資家の意見を聞いて規制改革会議に付託し、規制改革会議の提言に政府が従うとするものです。まるで外国投資家や規制改革会議が政府の上位にあるかのような規定です。アメリカが離脱したにもかかわらず、政府はこの規定は有効であるとしています。

種子法廃止は、規制改革会議から提案され、それがそのまま短期間のうちに実現してしまいました。規制改革会議の提案が政府にそのまま採用されていく状況については、第２章で述べています。

要するに種子法廃止は、ＴＰＰ交渉過程で米国に約束した外国投資家優先の統治の仕組みがそのまま働いたものと見ることができるのです。

種子法廃止違憲訴訟は、種子法の廃止に憲法の光を当てようとするものです。

中でも、「健康で文化的な最低限度の生活」を保障した憲法25条の生存権から検討した場合、種子法の廃止は、基本的人権たる生存権を侵害するのではないかというのが、種子法の廃止が決まった直後からの私たちの問題意識でした。しかし、社会保障、社会福祉分野で議論されることが多い生存権が、食の分野で論じられることは、これまでほとんどありませんでした。

そうした中で、「食料への権利」が世界人権宣言、国連人権規約によって基礎づけることができることを知り、訴状に盛り込むことになりました。

国際人権法によって、生存権の内容を補充することによって、「食料への権利」を憲法25条の生存権に位置づけることが可能となったのです。

本書の前半第1章から第3章は、種子法廃止について、それ自体に焦点を当てて問題点を指摘しています。後半の第4章から第7章までは、憲法の観点から、種子法廃止が主として生存権などの基本的人権を侵害して憲法に違反することを明らかにしています。

各章は、それぞれ独立した内容になっていますから、通読されても、興味を持たれた部分からお読みいただいてもよいかと思います。

グローバル企業の横暴に対して、まさに生命や健康を守るために、基本的人権を確立する営みがますます重要性を増していることをお酌み取りいただければ、これに優る喜びはありません。

TPP交渉差止・違憲訴訟弁護団共同代表

岩月　浩二

消された「種子法」◉ もくじ

第1章　主要農作物種子法とは

1　法制定の経過と背景

１９５２（昭和27）年、戦後日本は食糧難解消という国家的要請を背景に、主要農作物の生産体制を基礎づけるため、主要農作物種子法（種子法）を制定しました（同年5月1日法律第１３１号）。

主要農作物とは、稲、大麦、はだか麦、小麦、大豆のことです。第二次世界大戦後の日本では、食糧増産のためにこれら主要農作物の優良な種子を生産・普及し、国内の自給率を上げることが必須の課題でした。種子法を制定することで、稲などの主要農作物については、都道府県の管理のもとで地域に合った品種を開発するとともに、優良品種、奨励品種を指定するための試験などを都道府県に義務付けることにしました。

目的は優良種子の安価な供給

１９５２年４月22日、衆議院の農林委員会で坂田栄一政府委員（当時）は、法案提案の理由を次のように述べています。

「米麦等主要食糧の増産をはかり、国内においてその自給率を高めますことが、わが国の自立の基礎条件であることは申し上げるまでもないところであります。従いまして施策の重点が米麦の増産に集中されていることは当然でありますが、米麦の増産のためには、優良な種子を確保し、これを普及するということが根本的な方法であると存ずるのであります。しかしながら米麦の種子につきましては、需要者が極度に現金支出をきらう農家であり、しかも自家採種ができますので、優良な種子の導入が増産の要締であることを知りながらも、自発的にこれを行っていないというのが実情であります。一方優良な種子を生産するためには、特別の技術と管理が必要とされ、その生産費が一般の米麦と比較しておのずから高くなるにもかかわらず、その収量は一般米麦に比して低位にありますので、その種子は高価なものとなり、かくては農家の需要の減退するのは自然の理であり、従いまして、優良な種子の栽培、普及はとうてい望み得ないのであります。ここに国または地方公共団体がその生産と普及について特別の指導

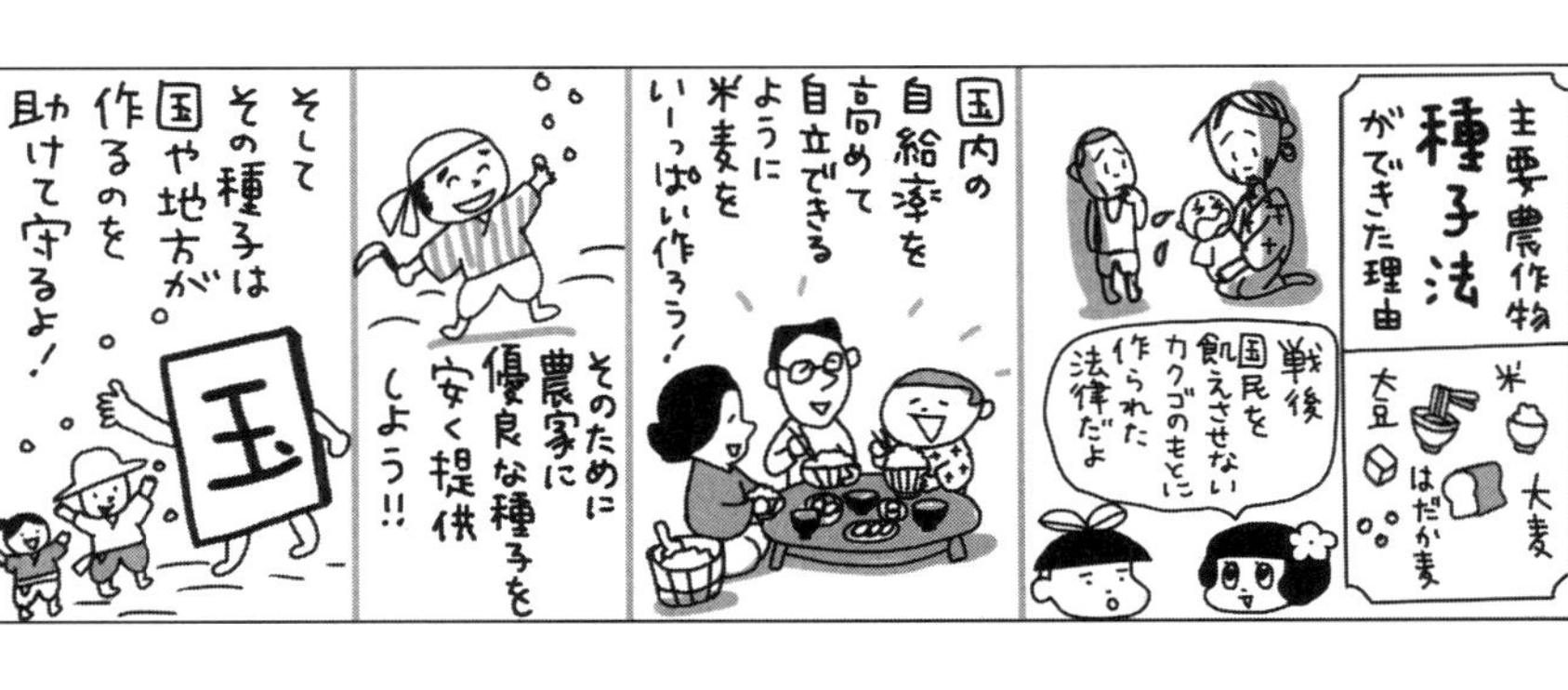

ないし助成を行う必要が生じて来るのであります」（傍線筆者）

つまり、政府はこの法案を提出するにあたって、①米麦などの主要食糧の増産を図り、国内の自給率を上げることが国の自立のための基礎条件であること、②そのために、優良な種子を安価で農家に提供することが必要であること、③国か地方公共団体が種子生産に公的な役割（指導・助成）を担うべきであること、を制定の理由と述べていました。

2　種子法の具体的な役割

国会での議論を経て1952年に制定された種子法は、主要農作物の優良な種子の生産と普及を促進するため、各都道府県に種子の原種（げんしゅ）、原原種（げんげんしゅ）を生産するよう義務付けるとともに、種子生産の圃場（ほじょう）の指定、生産された種子の審査、遺伝資源の保存などを義務付けました。

以下、具体的に説明します。

種子の圃場を指定する

種子法3条1項では、主要農作物の種子の栽培に当たり、都道府県が指定種子生産圃場を指定することが定められました。

圃場とは、農作物を栽培する田畑、農園を意味します。種子法との関係では、農作物の種子を栽培する民間農家（採種農家）の圃場を都道府県が検査のうえ、指定することとなります。

指定に当たっては、都道府県が年に数回、圃場を訪れ、「主要農作物の出穂、穂ぞろい、成熟状況など」を審査することが義務付けられていました（同法4条1項）。

そして、圃場で生産された主要農作物の種子について、都道府県が生産物審査を行い（同法4条2項）、そのうえで生産物証明をします。

原種・原原種を生産する

また、種子法7条1項により、各都道府県はこの圃場で、主要農作物の優良な種子をつくるために必要な主要農作物の原種、原原種の生産を行うことも義務付けられていました。

原種とは栽培用の種子を取るために蒔く種子です。そして原原種は、その原種を取るために蒔く種子となります。

各都道府県は、農業試験場などの育成機関から提供された育種用の種子を用いて、原原種圃（げんげんしゅほ）で原原種を生産します。そして翌年、原原種を原種圃（げんしゅほ）にまいて原種を生産し、その原種から民間の採種農家が圃場で種子を生産することになります。

原原種は毎年生産し、変異系統（異株）を淘汰して残った集団から純正系統を選抜します。選抜した原原種の一部は毎年、翌年以降の原原種を生産するために残しておき、残りの原原種を種苗センターなどが生産して原種を作り、その原種を採種農家が生産して種子（種もみ）を作ります。

種子は毎年更新されるため、絶えず、原原種、原種、種子が生産され続けます。

例えば茨城県では、県の農業試験場でコシヒカリ（180系統）、あきたこまち（60系統）、夢あおば（1

種もみを採取するまでの流れ

1年目　原原種の生産：原原種圃で育成家種子などを栽培・選別

2年目　原種の生産：原種圃で原原種を栽培・選別

3年目　種もみの生産：契約種子生産農家の圃場で原種を栽培

系統）が、系統栽培により1系統当たり125株、1株1本ずつ植えられ、原原種が毎年生産されています。茨城県で生産されるコシヒカリは約50年前に福井県の農業試験場から原原種をもらい受けたものですが、その後、茨城県で地域の風土に合うように品種改良が続けられています。

奨励品種を指定する

種子法8条では、稲や麦、大豆などについて、各都道府県が「優良な品種」を決定するために「必要な試験」を行い、奨励品種を指定することが定められていました。

例えば、新潟県は稲のコシヒカリをはじめとして8品種、山形県は、はえぬき、つや姫など、そして秋田県は、あきたこまちなどをそれぞれ奨励品種として指定しています。現在、全国で指定されている奨励品種は約400にのぼります。

奨励品種に関する必要な試験については、主要農作物種子制度運用基本要綱（農林水産事務次官依命通達　1986年12月18日）をもとに、都道府県ごとにその審査基準が設定されています。

都道府県は毎年、奨励品種審査会を開催し、奨励品種決定調査方法や奨励品種の決定などを行います。そして都道府県ごとに、決定基準（試験の結果、収量、病虫害抵抗性、品質その他の栽培上の重要な特性及び生産物の利用上重要な特性を総合的に勘案し、既存の奨励品種と比較して明らかに優れていることとの基準）を設け、その基準を満たした場合、優良な品種として奨励品種に認定されることとなります。

奨励品種とされた品種は、栽培の促進と普及を行うために国や都道府県から様々な優遇措置を受けています。コメ（稲）などの場合、政府がコメを買い取る価格について、奨励品種は奨励品種以外の品種よりも高く設定されます。このため、農協（ＪＡ）で販売される奨励品種も、他の品種よりも販売価格が高くなるのです。

この結果、農業従事者に奨励品種の栽培を促す効果が生じるといえます。

このように、種子法で種子生産の仕組みが基礎づけられることによって、国、都道府県が主導して、地域ごとの安全な種子の生産・流通・管理を独占的に担ってきたのです。

3　種苗法の制定過程と役割

次に、種子法と大きく関連する種苗法について説明します。

種苗法の前身となる農産種苗法は、１９４７年（同年法律第１１５号）に制定されました。「種苗」とは、農作物の繁殖の用に供される種子、果実、茎、根、母本、苗、苗木、穂木または台木のことで、農林大臣が指定するものをいいます。農産種苗法は、食糧事情が戦後に逼迫（ひっぱく）したことを背景として、農業生産の安定化と生産性向上を図るために制定されました。優良種苗の品種改良を奨励する制度を設け、育苗者の利益を擁護する規定のほか、農林大臣による優良種苗の奨励を目的とした種苗名称登録と、その違反者への罰則を規定していました。

農産種苗法は、１９５２年制定の種子法とともに戦後の食糧増産のために大きな役割を担うものでした。つまり、農業者は、種子法によって優良な種子を、農産種苗法によって優良種苗をそれぞれ入手することが可能になりました。そして、自家採種は禁止されていなかったので、毎年種子や種苗を購入しなくても一旦入手した優良な種子や種苗を自家採種することにより、栽培を続けることができたのです。

１９７８年には、この農産種苗法が「種苗法」へと名称変更される改正がありました。これは、「植物の新品種の保護に関する国際条約」（ＵＰＯＶ条約）により設立された植物新品種保護国際同盟（本部：スイス・ジュネーブ）への加盟準備のためです。ＵＰＯＶ条約は１９６１年にパリで作成されましたが、１９７８年に改正されました。その内容に日本の法体系を適合させるため、農産種苗法の改正が必要だったのです。

この改正により、種登録制度がより詳細に区分され、指定種苗制度の対象となる「指定種苗」が定められ、その表示に関する規制が設けられました。

特許に似た育成者権の新設

現在の種苗法は、１９９１年に改正されたＵＰＯＶ条約を踏まえて、１９９８年に全面改正（同年法律第83号）したものです。植物の新たな品種（花や農産物など）を創作した者は、登録することでその新品種を育成する権利（育成者権）を専有することができる旨が定められました。

「育成者権」とは、植物の新たな品種に対して与えられる知的財産権です。優先権や専用利用権、通常利用権、先育成による通常利用権、裁定制度、職務育成品種などがあり、特許権や実用新案権のしくみとよく似ています。たとえば、先育成による通常利用権とは、登録品種の育成をした者よりも先に当該登録品種と同一、または酷似する品種の育成をした者は、その登録品種に係る育成者権について通常利用権を有する、とされる権利です。

育成者権を得ると25年間、登録品種の「種苗」「収穫物」「加工品」を「業(ビジネス)」として利用する権利を専有することができます。ただ、育成者権の及ばない範囲が大きく二つあり、一つは試験または研究目的での利用、そしてもう一つが農業者の自家採種です。

認められた農業者の自家採種

種苗法21条2項では、農業を営む者が「種苗を用いて収穫物を得、その収穫物を自己の農業経営においてさらに種苗として用いる場合には、育成者権の効力はそのさらに用いた種苗、これを用いて得た収穫物及びその収穫物に係る加工品に及ばない」とあり、育成者権のある新品種でも農業者の自家採種は許容されています。

ただし同条3項で、農水省令指定の品種については例外的に農業者の自家採種も禁止する内容となっています。

この省令とは、種苗法施行規則16条です。１９９８年に初めて23種を指定し、２００６年に82種まで拡大、２０１７年には２８９種となっています。このように、農業者が自家採種できない品種の指定が徐々に拡大しています。先般、種苗法についても近い将来、農業者の自家採種を原則禁止する方向での改定が検討されていますが、この点は後ほど述べます。

以上のように、国や都道府県は、１９５２年に制定されたこの種子法によって、米、麦、大豆などの主要農作物の優良な種子を安定的に生産・普及させる義務を着実に果たしてきました。そして、１９９８年に全面改正された現行種苗法も農家の自家採種を原則禁止しないことと相まって、農家は優良な種子を安価で購入し、必要に応じて自家採種で生産を継続して安定的な経営を行うことができました。その結果として、一般消費者も安価で優良な主要農作物の提供を受けてきたのです。

第2章　なぜ廃止されたのか

1　突然だった種子法廃止

種子法は、１９５２年に制定されて以降、何度か改正されつつも、法の大きな目的に変容を来すことなく存続してきました。その結果、国と都道府県による種子生産の厳格な管理体制が続いてきたのです。しかし、２０１７年の通常国会で突如、内閣は種子法廃止法案を提出し、同国会の会期内で種子法廃止法が成立するに至りました。

政府は２０１７年2月、種子法廃止法案の提出を閣議決定して国会に提出しました。この法案は、3月からの衆議院農林水産委員会に付託され、その後、同23日の約5時間の審議を経て28日に衆議院を通過しました。参議院でも、同年4月11日の5時間の審議と13日の2時間の参考人質疑を経て14日に参院本会議で可決、成立となりました。

わずか10時間程度の審議で、種子法そのものの廃止が決定したのです。

その後、同4月21日に種子法廃止法が公布となり、種子法廃止法の施行日である２０１８年４月１日をもって、種子法は廃止されるに至りました。

理由は「民間ノウハウの活用」

政府は、種子法廃止法案の提案理由で、「種子生産者の技術水準の向上などにより、種子の品質は安定した」「農業の戦略物資である種子については、多様なニーズに対応するため、民間ノウハウも活用して、品種開発を強力に進める必要がある」「都道府県による種子開発・供給体制を生かしつつ、民間企業との連携により種子を開発・供給することが必要」と述べました（２０１７年農林水産省作成「主要農作物種子法を廃止する法律案の概要」より）。

法案審議では当時の野党から、この廃止の理由について根拠がないと指摘され、さらに数多くの問題点も指摘されましたが、政府・与党は審議を打ち切り、採決に立ったのです。

2　ＴＰＰと法廃止の関連性

種子法の廃止は、いわゆるＴＰＰ（環太平洋パートナーシップ協定）の妥結に併せて検討され、最終的に実行されたものです。

ＴＰＰは、２０１３年3月に日本が交渉に参加、２０１６年2月4日に参加12か国が署名し、同12月に日本の国会で承認されました。

ＴＰＰについては、コメなどの関税が大幅に撤廃されて日本の農業経営を崩壊させるとの危惧や、食の安全への不安、投資家と国家の紛争解決に関するＩＳＤＳ条項の存在などから世論の批判を多く集めましたが、世論の批判を押し切っての国会承認となりました。

「規制改革推進会議」が口火

国会でＴＰＰが承認される約２か月前の２０１６年10月6日、「規制改革推進会議」の農業ワーキンググループ第４回会合で、一つの文書がまとめられます。タイトルは「総合的なＴＰＰ関連政策大綱に基づく『生産者の所得向上につながる生産資材価格形成の仕組みの見直し』及び『生産者が有利な条件で安定取引を行うことができる流通・加工の業界構造の確立』に向けた施策の具体化方向」。

この文書は、「戦略物資である種子・種苗については、国は、国家戦略・知財戦略として、民間活力を最大限に活用した開発・供給体制を構築する。そうした体制整備に資するため、地方公共団体中心のシステムで、民間の品種開発意欲を阻害している主要農作物種子法は廃止する」と指摘していました。これを受け、規制改革推進会議は民間による品種開発を促進させるため、種子法を廃止することについて議論しました（傍線筆者）。

種子法の廃止が議論されたのは、このグループ会合が初めてとなります。

自由競争を促す二つの会議体

規制改革推進会議とは、「経済に関する基本的かつ重要な政策に関する施策を推進する観点」（内閣府本府組織令32条）から、内閣府の諮問会議として設置されています。内閣総理大臣の諮問に応じ、経済社会の構造改革を進めるうえで規制の在り方の改革を検討するとされています。経済分野を専門とする研究者（大学教授）や民間企業の役員レベルの人間が構成員とされています。

かつて、内閣府の諮問会議として「規制改革会議」（２００７年1月～２０１０年3月）がありましたが、民主党政権下にいったん廃止となり、その後、第２次安倍内閣の下で再び設置（２０１３年1月～２０１６年7月）されました。そして２０１６年9月、後継組織として規制改革推進会議が設置されています。

規制改革会議の前身「総合規制改革会議」の際には、労働者派遣法の製造業派遣の解禁が議論され、時の小泉内閣に答申されました（２００２年）。郵政民営化もこの会議から議論が始まったとされています。また、規制改革会議では、正社員の解雇規制緩和、ホワイトカラーエグゼンプション導入、医療における混合診療の拡大などが安倍内閣に答申されています。そして、規制改革推進会議の農業部会においては、全国農業協同組合連合会（全農）に対して組織刷新を提言するなどしています。

このように、日本ではこれらの会議が「規制を改革・撤廃することで自由貿易、自由競争を促す」方向で様々な答申を各内閣に行い、それらの答申をもとに様々な法制度が成立してきました。この会議での議論を出発点として成立した法制度については、少数者、弱い立場の権利・自由を奪うとの多くの批判があります。

規制改革推進会議とは別に、「産業競争力会議」（２０１６年からは「未来投資会議」）という会議体があります。これは、内閣の日本経済再生本部内に設置されており、日本の産業の競争力の強化を図ることが目的です。内閣総理大臣を議長とし、各大臣や民間議員で構成されています。同会議でも規制改革推進会議と同様、様々な法制度の撤廃・改正が議論されています。

自民・公明のプログラムに転用

種子法廃止に関する話に戻ります。先ほど述べた通り、２０１６年12月のＴＰＰの国会承認手続きに先立ち、規制改革推進会議では、戦略物資である種子・種苗について民間活力を最大限に活用するとして、種子法を廃止すべきだとの議論がなされました。

そして、規制改革推進会議の農業ワーキンググループの文書の主要部分はそのまま、同年11月25日に自由民主党の農林・食料調査会と公明党の農林水産業活性化調査会がまとめた「農業競争力強化プログラム」に盛り込まれました。種子法に関して、「戦略物質である種子・種苗については、国は、国家戦略・知財戦略として、民間活力を最大限に活用した開発・供給体制を構築する。そうした体制整備に資するため、地方公共団体中心のシステムで、民間の品種開発意欲を阻害している主要農作物種子法を廃止するための法整備を進める」と記載されました。傍線部以外は規制改革推進会議の農業ワーキンググループの文書と全く同文です。

また、２０１３年５月に内閣総理大臣を本部長、内閣官房長官と農林水産大臣を副本部長として内閣に設置された農林水産業・地域の活力創造本部は同年12月、「農林水産業・地域の活力創造プラン」を決定し、

内閣が進めた規制改革の道

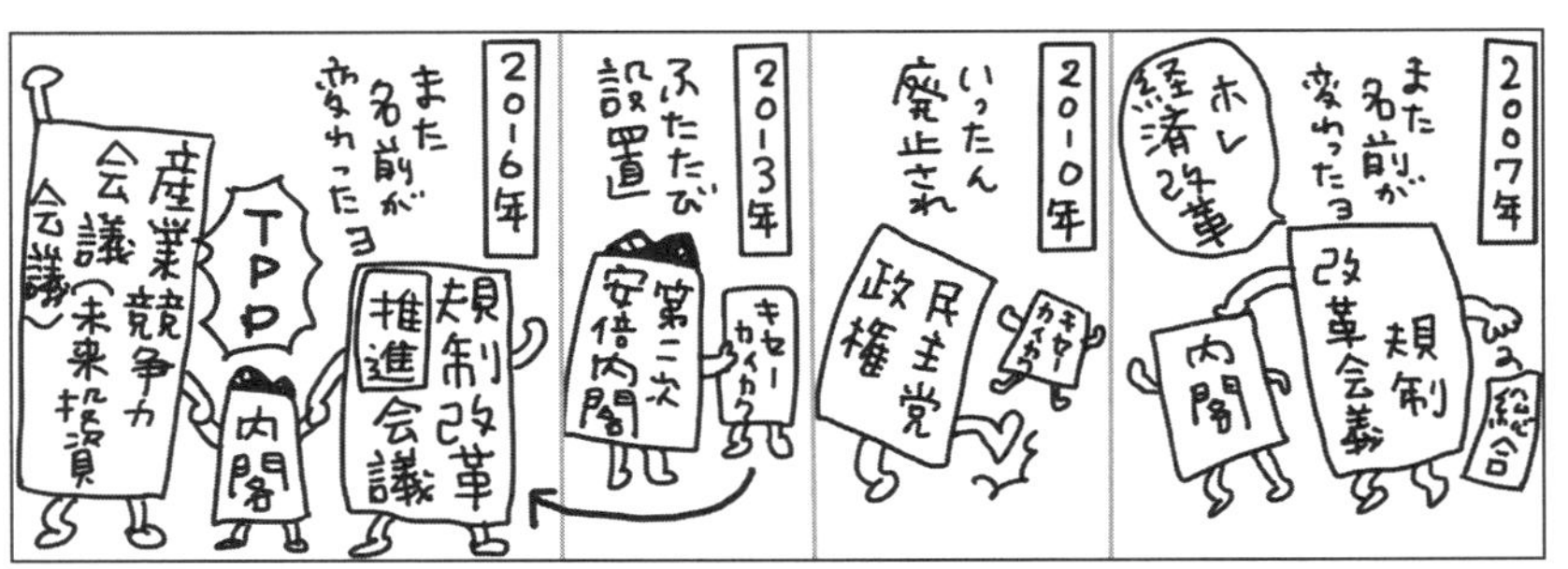

２０１６年11月29日に改訂しました。その際、同プランの「政策の展開方向」の「更なる農業の競争力強化のための改革」の中で、〈展開する施策〉として「農業競争力強化プログラム」の参照を示し、13の項目が記載されましたが、これらは、前出の自民党と公明党がまとめた農業競争力強化プログラムの目次の1から13の項目と全く同一でした。これをもって、農林水産業・地域の活力創造本部で種子法廃止の方針が正式に決定されたのです。

その後は先ほど述べた通り、翌２０１７年の通常国会に政府から種子法廃止法案が提出され、種子法の廃止へと至りました。

3　二つの会議が主導する日本の農政

規制改革会議と産業競争力会議主導の下、特に安倍政権が誕生して以降、様々な日本の農政が変革を迫られました。

日本の食料・農業・農村の在り方についての基本法と言える「食料・農業・農村基本法」（１９９９年法律第１０６号）では、その15条1項で、「政府は、食料、農業及び農村に関する施策の総合的かつ計画的な推進を図るため、食料・農業・農村基本計画（基本計画）を定めなければならない」とされています。また、同条5項は「政府は、第1項の規定により基本計画を定めようとするときは、食料・農業・農村政策審議会の意見を聴かなければならない」とし、農林水産省内に設置された「食料・農業・農村政策審議会」（農政審議会）で審議されて策定された基本計画の下、日本の農政を進める枠組みが作られていました。

農政審議会の地位低下

農政審議会では、農業を専門とする学者らが構成員となり、日本の農業の在り方について食の安全や自給率向上などが議論されてきました。

しかし、農林水産業・地域の活力創造本部が２０１３年12月に決定した前述の農林水産業・地域の活力創造プランのうち、「今後の進め方」の「1．食料・農業・農村基本計画の見直し」では、「今後、本プランにおいて示された基本方向を踏まえ、食料・農業・農村 基本法に基づき、10年程度先を見通して策定されている食料・農業・農村基本計画（２０１０年3月30日閣議決定）の見直しに着手することとする」とされ、「見直しに当たっては、将来のビジョンとして、担い手となる効率的かつ安定的な農業経営の姿を具体的に示すとともに、望ましい農業構造の姿を明らかにする。また、食料・農業・農村基本計画の見直しの検討状況については、当本部においてフォローアップを行うこととする」と記載されました。

さらに、「2．規制改革への取組」の「今後の農業改革の方向について」では、「農業委員会、農業生産法人及び農業協同組合の在り方などについては、規制改革会議において取りまとめた『今後の農業改革の方向について』に基づき議論を深化させ、来年6月に向けて、具体的な農業改革の推進について結論を得る」とあり、「3．産業競争力会議における取組」では、「産業競争力会議においては 企業ノウハウの活用や6次産業化の推進輸出促進といった付加価値・生産額の増加に向けた検討などを行う。また、これまでの産業競争力会議の議論を踏まえたフォローアップを行うとともに、規制改革会議と密接に連携し、諸課題について所要の検討を行う」とあります（傍線筆者）。

このように、２０１２年12月に第２次安倍政権が誕生して以降、農業の部門においても規制改革会議（２０１６年９月以降は規制改革推進会議）や産業競争力会議（同年９月以降は未来投資会議）の議論をもとに、農林水産業・地域の活力創造本部が農林水産業・地域の活力創造プランを決定し、そのプランが示す基本方向に沿って食料・農業・農村基本計画が見直されることになったのです。

これによって地域の活力創造プランは食料・農業・農村基本計画の上位計画となり、農政審議会の議論は、事実上すでになされた規制改革会議や産業競争力会議の議論の拘束を受けざるを得ないことになりました。

かつて農政の基本方向を議論する最高機関であった農政審議会は、その地位をＴＰＰ推進の立場を取る規制改革会議や産業競争力会議に譲ってしまったと言っても過言ではありません。今や、日本の農政は規制改革推進会議や未来投資会議が主導しており、種子法の廃止はこのような日本農政の政策決定過程の変質を背景としているのです。

4 「モンサント法案」と種子法廃止

第１章の「種苗法の制定過程と役割」で触れた植物の新品種の保護に関する国際条約（ＵＰＯＶ条約）は、種子開発者の知的所有権を守るため、種子企業のロビー活動によって１９６１年に成立し、１９９１年の改正では、種子企業が知的所有権をもつ種子については農民の自家採種の権利を否定しました。このように先進国を利する条約であることが明らかなため批准国は少なかったのですが、自由貿易協定を機に、農産物を先進国に輸入してもらうために発展途上国は批准を強要され、批准した国では、条約に沿った国内法を整備することになりました。

現在では、これが種子企業で最大のシェアを持つモンサント社の利益になる法あるいは法案だとして、「モンサント法」または「モンサント法案」と呼ばれています。

多くの国では多数の農民、市民が反対して廃案に追い込んでいますが、一旦廃案になっても、再び法案として提出されるようなことが繰り返されており、現在、アジア、アフリカの多くの国々がＵＰＯＶ条約の批准に伴って、この法案の恐怖に襲われている状況です。

日本は、二国間自由貿易協定を通じて、アジア各国の政府にも「種子への権利」を制限することを求めており、ＴＰＰを進める立場として日本市場のみならずアジアや世界の市場に向けて種子を売ることを想定し、国内外の動きに整合性を取り、民間企業、多国籍企業が自由に利益を得る体制を準備しつつあります。

そのような中での今回の種子法廃止であり、そして、政府が次にもくろむのは近い将来に実現しようとしている自家採種を原則禁止にする種苗法改正なのです。

第3章　種子法廃止の影響は

1　企業参入と都道府県の管理体制の行方

すでに述べた通り、２０１７年の通常国会で、種子法が民間企業の種子事業への投資を阻害しているとして、種子法廃止法が成立しました。種子法廃止法は２０１８年4月1日から施行となり、種子法は同日、正式に廃止となりました。

本章では、種子法の廃止による具体的な影響について説明します。

民間企業の参入促進

種子法廃止法案の政府提案理由の通り、廃止の目的は日本の種子事業への民間企業の参入にあります。

この点、廃止された種子法7条2項でも、「都道府県は、都道府県以外の者が経営する圃場において主要農作物の原種または原原種が適正かつ確実に生産されると認められる場合には、当該圃場を指定原種または指定原原種として指定することができる」と規定されており、民間企業（事業者・団体）から委託を受けた種子生産圃場も、都道府県の指定対象とすることは可能でした。

種子法の廃止前からも、例えば三井化学が「ミツヒカリ」という稲の種子を栽培・生産し、一部の都道府県はミツヒカリの生産圃場を指定していました。

ただし、民間企業の生産した種子については、都道府県からこれまでほとんど奨励品種に指定されていませんでした。特に稲については、民間事業者が開発した品種で奨励品種に指定されている例はありません。これは、民間企業の生産した種子が、「奨励品種」として都道府県の満たす基準に達しないからです。そのため、奨励品種のほとんどが都道府県の厳格な管理のもとに作られた原種・原原種か、全国各地の個人の指定圃場で生産された種子の品種のみとなっており、結果的にそれらの種子が主要農作物に関するわが国の種子市場をほぼ独占していたのです。

種子法が正式に廃止されることで、都道府県が奨励品種を指定する法的根拠がなくなります。その結果、今後は都道府県が奨励品種の指定を一切行わなくなることが予想されます。当然、民間企業が種子の開発・育成に参与しやすくなります。

自治体の管理体制弱体の不安

また、種子法廃止に伴い、各都道府県が種子の原種・原原種の生産、種子生産の圃場審査を行わなくなることが予想されます。

都道府県は種子法の廃止により、圃場審査などを行う法的根拠がなくなり、さらに所要の予算が中長期的に確保されず、都道府県の種子事業が徐々に弱体化していくことが懸念されます。

２０１７年11月15日、農林水産事務次官は種子法廃止に伴い、都道府県に対する通知「稲、麦類及び大豆の種子について」を出しました。この通知の「３　種子法廃止後の都道府県の役割」には、次のように記載されています。

「(1)都道府県に一律の制度を義務付けていた種子法及び関連通知は廃止するものの、都道府県が、これまで実施してきた稲、麦類及び大豆の種子に関する業務のすべてを、直ちに取りやめることを求めているわけではない。農業競争力強化支援法第８条第４号においては、国の講ずべき施策として、都道府県が有する種苗の生産に関する知見の民間事業者への提供を促進することとされており、都道府県は、官民の総力を挙げた種子の供給体制の構築のため、民間事業者による稲、麦類及び大豆の種子生産への参入が進むまでの間、種子の増殖に必要な栽培技術などの種子の生産に係る知見を維持し、それを民間事業者に対して提供する役割を担うという前提も踏まえつつ、都道府県内における稲、麦類及び大豆の種子の生産や供給の状況を的確に把握し、それぞれの都道府県の実態を踏まえて必要な措置を講じていくことが必要である」（傍線筆者）

すなわち、この通知は、国が都道府県に対し、民間事業者の参入が進むまでの移行時期のみ事業を続けるように命じており、最終的には、都道府県の種子生産への関与を次第に弱めていくよう命じる内容となります。

現に種子法廃止後、大阪府、奈良県、和歌山県では、水稲の種子生産に関する審査や証明業務を廃止し、代替措置として当該業務を種子生産の関連団体（大阪種子協会など）に委託することになりました。

もちろん、都道府県がそれぞれ種子開発に関して独自に管理を続けることも可能です。２０１８年4月1日付の種子法廃止と前後して、埼玉県、新潟県、兵庫県、山形県などでは種子の安定供給を促す条例が制定され、種子生産について従来と同様に各県が独自に厳格な管理をしていくことが定められています。また、北海道、富山県などでもこの独自の条例制定に関する議論が始まっています。

しかし、すべての都道府県でこのような条例が制定されることは現実的にありません。先の事務次官通知の内容からすれば、国が都道府県に対し、生産を管理する体制の変革を迫っていくことは確実です。

また、種子法そのものがなくなる以上、都道府県の種子の開発などに投じる予算が大幅に減少することは明らかであり、制定された各自治体の条例が今後も維持されるか否かも不明です。

いずれにせよ、種子法が廃止されたままでは、種子生産について、都道府県による管理・関与が次第になくなっていくことは明白です。

農業競争力強化支援法の影響

また、２０１８年4月の種子法廃止に先行し、２０１７年8月に施行された農業競争力強化支援法は、国に対し、民間事業者が行う技術開発や新品種の育成などを促進する措置を講ずることを義務付けました。さらに、都道府県のもつ種苗の生産に関する知見を民間事業者に提供する措置を講ずることも義務付けています（同法8条）。

この結果、国の指揮により、都道府県の持つ種子生産の技術や知見が民間事業者に流出することとなり

種子法がなくなると

種子法8条では
各都道府県が奨励品種を指定することが定められていました。
害虫につよいね
沢山実がつくよ
おいしい!
今年の県の奨励品種はこちら!!
わー
政府が奨励品種の買い取り価格を他より高く設定
じゃーその米作って売るべ
農家の奨励品種への栽培を促していました。
おもしろくないのは奨励品種にちっとも選ばれない企業米の種子…
価格も奨励品種の10倍
企業米

そして種子法廃止…
奨励品種を指定する法的根拠がなくなった!!
えーっ
企業米
農業試験場
種子センター
育種家
民間ほ場農家
私たちの仕事は!?
国からお金は!?
農林水産事務次官より
ゆうびーん
民間事業者の参入が進むまでは仕事したら?
ただちにやめろとは言わないよ
種子法廃止に伴い、すでに業務をやめた県も!!
大阪府
ハイつづきはそちらで!
種子協会
ええっ
丸投げ!!

こうなったら都道府県で独自に管理を続けよう!!
種子の安定供給を促す条例を作ろう!!
都道府県
全国で条例が出ることはなさげだし
種子条例
都道府県
出しても維持できるかな
国が予算つけなくなるのが不安だなー
種子法廃止に先行して
2017年8月
こんな法律ができていた…!
農業競争力強化支援法
民間事業者が技術開発や新品種を作りやすいようにしろ
都道府県の持つ種苗の生産に関する知見を民間事業者に提供せえよ~
王

ます。この法は都道府県が種子生産の技術や知見を民間事業者に流出させ、種子生産の管理を「公から民へ」に移すことを義務付けるものなのです。

限界ある種苗法の活用

政府は、種子法が廃止された後の国会審議で、種子法廃止後も都道府県が種苗法に基づき圃場審査などに関する事務を行うことは可能、と答弁しました（２０１８年６月６日、衆議院農林水産委員会での境勉政府参考人発言より）。

この点、確かに現行の種苗法と同法施行令にも、主要農作物の種子生産に関する都道府県の事務の内容が一部規定されています。

種苗法施行令６条には、都道府県が「稲、大麦、はだか麦、小麦及び大豆の種苗に係るもの」に関する指定種苗の生産など（生産、調整、保管、包装）について、関係者が守るべき基準を勧告するなど（種苗法61条）の事務を行う、と規定されています。また、種子法廃止法案に対する参院農水委員会の付帯決議には、「優良な品質の種子の流通を確保するため、種苗法に基づき、適切な基準を定め、運用する」と明記されました。この結果、種子法が廃止されても各都道府県における独自の種子開発をすること自体は可能であり、２０１８年４月以降も開発は継続しています。

しかし、種苗法と同法施行令には、都道府県がこれまで行っていた「圃場審査」「生産物審査」「原種・原原種の生産」などの具体的な文言は明記されていません。また、奨励品種の試験を具体化する規定もありません。

種苗法などで規定されているのは、都道府県が主要農作物の生産などに関する事務の「一部」を担うことのみであり、従来の種子法の下で具体的に規定されていた厳格な管理体制は何も規定されていません。そもそも、種子法が廃止される以上、予算措置が講じられなくなるため、都道府県の種子管理は現状から大きく後退することは確実でしょう。

2 一般農家への影響と被害

このように、種子法廃止により、民間事業者が種子生産に積極的に参入する一方、都道府県が種子生産や管理に厳格に関わらなくなれば、次のような具体的な影響、それぞれの国民への被害が予想されます。

不安は種子の高騰

まず、一般農家が購入する種子そのものが高騰し、一般農家の経営が危うくなる恐れがあります。今後、都道府県ごとに指定されている品種の育成が成り立たなくなる一方、民間業者の開発した種子が中心的に販売されることが予想されます。

都道府県が公的資金を使って種子開発・育成をしたものではない以上、民間業者による種子は高額になります。現在、民間が開発した品種の代表格である三井化学の「みつひかり」は、種子の販売価格が20キロで8万円です。都道府県が開発した品種のおよそ10倍の価格です。

このような高額の種子を生産・販売して利益を上げていくためには、企業型の大規模経営が必要となりますが、現況の小規模農家（小農）の経営は圧迫され、廃業に追い込まれることになるでしょう。その結果、大規模経営を行う民間業者による種子が市場を独占し、ひいては大企業が農業経営を独占することが予想されます。

種子法が存在した当時の農水省農水園芸局長通達「主要農作物種子制度の運用について」（２００３年最終改正）では、次のように規定されていました。

「種子価格については、今後規制することはないが、種子価格が優良種子の安定生産及び円滑な普及に与える影響が大きいことに鑑み、都道府県は価格の安定については種子の取り扱いを業とする者その他の関係者の指導に格段の配慮をされたい」（第6、傍線筆者）

消えた指導の根拠

このように、種子法が存在した時の通達では、種子価格に対する都道府県の指導義務が明記されており、都道府県が種子の高騰に関して一定の指導を行うことが可能でした。

しかし、同通達も種子法廃止に合わせ、２０１８年4月1日に廃止されました。都道府県が種子の価格安定のために指導を行う根拠はなくなっています。つまり、今後、民間企業が種子の値段をつりあげても、都道府県が指導することができなくなり、市場に高騰した値段の種子しか販売されなくなります。

種子が高騰した場合でも、一般農家は、種子の購入に代えて自家採種により種子を確保して生産することが可能ではないかとも考えられます。しかし、コメを農協に出荷している農家の場合、農協指定の種子の購入が義務付けられていることが多く、そのような農家が自家採種による栽培を行うと農協への出荷ができなくなり、自ら販路を開拓しなければなりません。販路開拓のためのコストと手間を考えると、今まで農協に出荷し、種子の購入を義務づけられていた一般農家にとって自家採種による栽培は現実的でありません。また、近い将来、種苗法において原則農業者の自家採種を禁止する改正が検討されていることからすれば、一般農家が種子の購入に代えて自家採種で対抗しようとすること自体ができなくなってしまう恐れが大きいといえます。

原告館野さんのケース

この裁判の原告舘野廣幸さん（原告番号1番）は、稲作10ヘクタール、小麦1ヘクタールと、大豆、野菜（自家用）などを耕作する農家です。すべて有機農法（化学的に合成された肥料と農薬、遺伝子組み換え技術を使用しない農法）で耕作しています。

稲作関係では例年5品種を耕作しており、コシヒカリ、ササニシキ、陸羽132号、もち米の4品種は毎年栽培し、その他にその年に選んだ1品種を耕作しています。毎年耕作している4品種のうち、陸羽132号を除く各品種ともその3分の1は、日本で初めて有機栽培用の種子の採種圃場として栃木県から指定を受けた「NPO法人民間稲作研究所」（栃木県上三川町所在）が生産した種もみを購入して使用し、残り3分の2は自家採種した種もみ（稲種）を使用しています。陸羽132号については、大正時代に開発された希少な品種で一般に種もみは販売されておらず、全量自家採種の種もみを使用しています。

有機農業（農法）では、従来、自家採種の種子を使用して耕作するのが基本とされていましたが、民間稲作研究所が奨励品種の有機種もみについても種子法に基づき指定を受けた採種圃場（指定圃場）として生産するようになってからは、全国の有機農家の多くが民間稲作研究所から種もみを購入するようになりました。

指定圃場から購入した種もみと自家採種の種もみを併用する理由は、自家採種の種もみの使用のみを代々続けていくと、他の品種の花粉を受粉して変異する個体などの種子が混在することとなり、特定品種（奨励品種のうち特定地域か特定用途に適すると認めた品種）の品質を維持することが困難になってくる恐れがあるからです。

舘野さんの場合、特定品種の品質の維持にほとんど問題が発生しない三世代程度まで指定圃場の種もみから自家採種を行い、その後は一旦、指定圃場の種もみに代え、また三世代まで自家採種することを繰り返すことによって特定品種の品質を維持しているのです。そのため、毎年各品種とも作付けの３分の１程度は民間稲作研究所の種もみを購入して使用しています。

このように自家採種を基本として耕作をしている有機稲作農家においても、指定圃場によって栽培される奨励品種の種もみの存在は重要であり、もし指定圃場からの種もみの供給がなくなれば、有機稲作農家にとって、特定品種を維持するためには自家採種を指定圃場並みに厳重に管理する必要が生じます。しかしながら、そのような対応は農家によってはそもそも技術的に困難です。舘野さんの場合には技術的には対応できても指定圃場からの種もみ購入に比べて非常に高いコストを伴うことになります。

また、指定圃場に代わって民間が特定品種の有機の種もみを栽培して供給するようになった場合には、前述のとおりその価格は現状の５～10倍に高騰してしまうことは確実です。

従来通り自家採種を続けることによって特定品種の品質を維持できなくなれば、品種が特定されない

「国産うるち米」としての販売になり、有機米であっても販売価格は特定品種の2分の1、3分の1になってしまい、仮にコストがかからなくなってもそれ以上に売り上げ単価が減少してしまいます。

いずれにしても、従来の種子法に基づく指定圃場からの奨励品種の有機の種もみ購入ができなくなることは、有機農家である舘野さんにとって、経営危機を招くことになります。

3 消費者に広がる不安

また、種子法の廃止に伴い、都道府県が厳格な管理のもとに安全な種子を生産しなくなれば、当然、消費者の食の安全の問題や農作物の高騰の問題が生じてきます。

今後、都道府県が奨励品種の指定を行わなくなった場合、従来の奨励品種の水準を満たさない品種（農作物）が市場に出回る恐れがあり、当然、当該品種の安全性が懸念されます。また、将来的には、遺伝子組み換え農産物の種子を製造したり、有害性の疑いを払拭できない農薬を製造している多国籍企業が日本の種子市場を席巻し、安全性が確認された種子が駆逐されて農業者が遺伝子組み換えの種子を入手せざるを得なくなったり、種子とセットで有害である恐れが大きい農薬を使用せざるを得ない状況に追い込まれたりして、消費者が安全な農作物を購入できなくなる可能性は極めて高いと言わざるを得ません。

原告野々山さんのケース

原告野々山理恵子さん（原告番号2番）は、主要農作物の供給を受ける一般消費者であって、生活協同組合パルシステム東京（パルシステム東京）の理事長を務めています。

パルシステム東京の活動は、組合員である消費者たちが「子どもたちに安全安心な食べ物を食べさせたい」との思いから、仲間同士集って安全な食べ物の供給を始めたのがきっかけとなっています。野々山さんも子どもが生まれたのを機会に安全な食べ物を求めてパルシステム東京に加入し、２０１３年から現職です。

野々山さんが理事長を務めるパルシステム東京は、「食べたものは体になっていくから」というスローガンを掲げ、特に食の安全を重視しています。また、消費者と生産者を直接結んで、消費者には納得できる品質と安全性の確保された食品を提供し、生産者には適正価格での買取りによる収益を保障することで、持続可能な社会を目指しています。

種子法の廃止は、野々山さんやパルシステム東京の事業に多大な影響を与えます。

種子市場への大規模民間事業者の参入と、それに伴う従来の採種農家の経営悪化をもたらします。これにより、パルシステム東京が従来取引してきた農家、特に小規模農家は大打撃を受けることとなり、従来通りの安全な品質の食品を仕入れて組合員に提供することが難しくなります。

そして、大規模民間事業者の参入は農業の寡占化をもたらし、自由主義的な合理化、効率化が進み、その結果、農作物の多様性が奪われ、品種の単一化が進みます。これは消費者の食品選択の機会を奪います。

大規模民間事業者の参入を前提とした規制の緩和も行われています。すなわち、品種開発に関連して言えば、遺伝子編集技術（いわゆるゲノム編集）が遺伝子組み換え作物の規制対象から外される方向で議論されています。また、栽培、収穫に関連して、農薬の規制基準の緩和も進んでいます。海外では発ガン性が問題とされ、米国カリフォルニア州でも訴訟の結果、メーカー側が敗訴しているグリホサートも、日本では昨年末、大幅に規制基準が緩和されています。

そして当然、一般消費者である野々山さんにとっては、種子法廃止で安全な農作物の供給を受けられなくなるのです。

4 採種農家への影響

さらに、都道府県の管理のもとに種子を生産している種子生産業者（採種農家）の経営も成り立たなくなります。

採種農家はこれまで、所有する圃場が種子生産の圃場として都道府県から指定され続け、毎年種子を生産、販売することで経営を成り立たせてきました。この種子法に基づく生産体制が変わることで、採種農家が現状と同様に種子生産を続けることが困難になっていくと思われます。

原告菊地さんのケース

原告菊地富夫さん（原告番号3番）は、山形県西置賜郡白鷹町で採種農家を営んでいます。農業専門学校を卒業後、20歳頃から父のもとで採種農業を手伝い、その後、１９７６年頃に跡を継いで採種農家の経営を始め、その後40年以上も経営を続けています。

現在、水稲採種圃場を約6ヘクタール所有しています。また、圃場の肥料のために牛約40頭を飼育し、牛の餌米用の農地として約2ヘクタールを所有しています。圃場の管理は、主に菊地さんと長男のほか、1～2名の手伝い（アルバイト）で行っています。

菊地さん所有の圃場は、父の代だった1955年に山形県に指定された圃場（指定種子生産圃場）です。これは、1952年制定の種子法3条に基づく指定でした。それ以降、64年にわたり指定され続けてきました。

都道府県は指定に際して、それぞれの生産計画（種子計画）を定め、農林水産大臣に提出するとともに、農林水産省生産局長から指定種子生産圃場の面積に関する指示を受けたうえで指定を行います。この場合、生産局長は、主要農作物の種子の安定的な供給のために必要があるときは必要な指示を出します（「種子制度運用基本要綱」参照）。山形県は稲の圃場として、菊地さん所有分を含め合計5か所を指定しており、その合計面積は80ヘクタール程度です。

県の審査・指示受けて採種

具体的な圃場指定・生産物検査の経過は次の通りです。

菊地さんが毎年、県に圃場の申請を行います。この時、圃場面積を申請し、その後に県の農林水産部（農業改良普及員）から指導と圃場審査を受け、指定されます。この際、県から指定種子生産圃場指定書が交付されます。

圃場審査は、春に県から種の原種の提供を受ける際と、苗代作りの際の2回実施されます。この際、伝染病の有無や生育に不備がないことなどが厳格に検査されます。また、圃場からの収穫物について、発芽試験、品質検査（種子法4条2項「生産物審査」）を受けます。

品質検査の結果、合格すれば種子について生産物審査証明書が交付され、奨励品種とされます。一方で、品質検査で不適合となった場合、稲の種子として販売することが事実上できなくなり、その場合、稲として生産・消費されることとなります。

菊地さんは、毎年定期的に山形県から圃場審査と生産物審査（品質審査）を受け、合格する必要があるため、安全・良好な種子生産づくりを心掛けています。具体的には「多収を望まない、確実な栽培技術」を信条に、毎年一定の種子を確実に生産するために規模を大きくせず、現況を維持したまま安定的な生産を続けています。いわゆる「土づくり」として、わら、もみ殻を利用したり、家畜として買っている牛などのふんを堆肥として使用したりして循環型の農家経営をしています。また、毎年の台風や虫、病気などのリスクを気にし、冷害などの際にも安定した種子生産と一般農家への供給を続けるために、安全な作り方を心掛けています。

菊地さんが現在生産している種もみの品種は、つや姫とはえぬきです。はえぬきは1991年度から山形県の奨励品種に指定され、つや姫は2006年度に奨励品種とされました。いずれも山形県農業試験場（現・山形県農業総合研究センター）で交配されて採種され、選抜・育成された品種です。菊地さんは、県からつや姫とはえぬきの原種を購入し、自らの指定圃場で種子生産を行っています。

県条例で安定供給を模索

種子法が廃止された現時点でも、菊地さんの生産過程に変更はなく、山形県による圃場検査なども引き続き実施されています。

昨年、山形県で「種子の安定供給を促す条例」が制定されました。今後は山形県がこの条例に基づき、菊地さんの圃場を指定種子生産圃場として指定することになります。

もっとも、種子法が廃止された以上、今後、国による予算も減少し、県の条例が改廃される可能性は否定できません。その場合、菊地さんの圃場も将来的に山形県から指定されなくなり、代わって大規模民間事業者の圃場で種子が生産されることになりかねません。

採種農家はこれまで、他の農家と比べ、手間暇かけて種子を生産し、通常に稲を生産するよりも高い収益を得ていました。だからこそ、安全良好な種子を生産するため、良好な土や肥料・水の備わる圃場を守ることができました。

ところが、民間事業者の主導による大規模企業型の種子生産が参入すれば、従前の生産体系を維持することができなくなります。

また、大規模民間事業者の種子生産に加わることになれば、その大規模民間事業者の提供する除草剤・農薬などを使用することが義務付けられるケースが大半となり、この場合、地域独自の種子生産体系を維持することはほとんど不可能になるのです。

第4章　食料への権利と持続可能な開発・農業の行方

1　食料への権利とは

種子法が突然廃止され、都道府県が責任をもって主要農作物の優良な品種の種子を生産し、その種子を使って農業者が農作物を生産するという、種子法によって築き上げられてきた今までのシステムは、その法的根拠を失ってしまいました。したがって、種子法が廃止された以上、都道府県がこの種子の生産と供給に関するシステムをいつ止めてしまっても法律的には全く問題がなく、もしそうなった場合には、農業者は都道府県による優良かつ安全・安心な種子の供給を受けて優良かつ安全・安心な農作物を生産することができなくなり、消費者は優良かつ安全・安心な農作物を購入し、消費することができなくなる恐れがあります。

侵害される農業者や消費者の権利

今まで種子法によって農業者や消費者が優良かつ安全・安心な農作物を生産し、購入し、消費できたことは、農業者や消費者の権利なのではないか、そして今回、種子法が廃止されたことによって農業者や消費者の権利が侵害されたのではないのか。私たちは、このような問題意識から今回の種子法廃止を検討し、その結果、種子法廃止違憲訴訟を提起するに至りました。種子法を廃止したことは、農業者や消費者に対する重大な権利侵害であり、憲法で保障された国民の基本的人権を侵害するものなのです。

それでは、この種子法廃止によって侵害される農業者や消費者の優良かつ安全・安心な農作物を生産し、購入し、消費する権利は、どのような権利として理解すべきなのでしょうか。

そのヒントは「世界人権宣言」と「国際人権規約」にありました。世界人権宣言と国際人権規約では「食料への権利」が認められています。この「食料への権利」の内容を精査していくと、農業者や消費者が優良かつ安全・安心な農作物を生産し、購入し、消費することは「食料への権利」の一内容として保障されるべきものであったのです。

世界人権宣言と国際人権規約が規定

世界人権宣言は、人権尊重における「すべての人民とすべての国とが達成すべき共通の基準」として、1948年12月10日、第3回国連総会で決議されて宣言されました。すべての国の人々が持っている市民的、政治的、経済的、社会的、文化的分野にわたる多くの権利を内容としています。20世紀には、世界を巻き込んだ大戦が二度も起こり、とくに第二次世界大戦中では、特定の人種の迫害、大量虐殺などの人権侵害、人権抑圧があったことから、人権問題は国際社会全体にかかわる問題であり、人権の保障が平和の基礎である、という考えが反映されたものです。

その世界人権宣言の中で、「十分な生活水準を保持する権利」に関する25条1項は、「すべて人は、衣食住、医療及び必要な社会的施設等により、自己及び家族の健康及び福祉に十分な生活水準を保持する権利、並びに失業、疾病、心身障害、配偶者の死亡、老齢その他不可抗力による生活不能の場合は、保障を受ける権利を有する」と規定され、このうち食に関する部分が「食料への権利」を定めたものと理解されています。

そして、世界人権宣言の内容を基礎に条約化したものとして、1966年12月16日の第21回国連総会で国際人権規約が採択されました。人権諸条約の中で最も基本的かつ包括的なものですが、この国際人権規約のうち「経済的、社会的及び文化的権利に関する国際規約（国際人権A規約）」の11条で、より具体的に「食料への権利」が規定されました。

11条1項では、「この規約の締約国は、自己及びその家族のための相当な食料、衣類及び住居を内容とする相当な生活水準についての並びに生活条件の不断の改善についてのすべての者の権利を認める。締約国は、この

権利の実現を確保するために適当な措置をとり、このためには、自由な合意に基づく国際協力が極めて重要であることを認める」と規定されました。

11条2項では、「この規約の締約国は、すべての者が飢餓から免れる基本的な権利を有することを認め、個々に及び国際協力を通じて、次の目的のため、具体的な計画その他の必要な措置をとる」として、二つの目的を挙げています。

(a) 技術的及び科学的知識を十分に利用することにより、栄養に関する原則についての知識を普及させることにより並びに天然資源の最も効果的な開発及び利用を達成するように農地制度を発展させ又は改革することにより、食料の生産、保存及び分配の方法を改善すること。

(b) 食料の輸入国及び輸出国の双方の問題に考慮を払い、需要との関連において世界の食料の供給の衡平な分配を確保すること。

このように、「食料への権利」は、誰でも、いつでも、どこに住んでいても、人が生まれながらに持っている最も基本的な権利の一つであり、人が心も体も健康で生きていくために必要な食料を自らの手で得られる権利です。国際人権A規約を締結した政府は、国内で暮らす全ての人々がその権利を行使する手段を保障する責任を負うことになるのです。

「経済的、社会的及び文化的権利に関する委員会」の意見

また、国際人権規約の実行を監視している国連の「経済的、社会的及び文化的権利に関する委員会」の一般的意見第12号（1999年）では、具体的に「食料への権利」（同意見の翻訳文では「十分な食料に対す

る権利」）の権利性が確認されています。

「食料への権利」の具体的内容を知るうえで最も参考になる資料ですので、長くなりますが、最も重要な4項から13項を紹介します。

《序言及び基本的前提》

4項 委員会は、十分な食料に対する権利は、人間の固有の尊厳と不可分のつながりをもち、国際人権章典に掲げられた他の人権の実現にとって不可欠であることを確認する。この権利はまた、貧困の根絶とすべての者のためのすべての人権の実現に向けて、国内的及び国際的レベルの双方で適切な経済的、環境的及び社会的政策をとることを要求し、社会正義とも切り離せないものである。

5項 国際社会がしばしば、十分な食料に対する権利の十分な尊重の重要性を再確認してきたにもかかわらず、規約第11条に定められた基準と、世界の多くの地域の現況との間には、不穏なほどのギャップがある。世界中で8億4千万以上の——そのほとんどは発展途上国の人々である——人々が慢性的に飢えている。何百万人もの人々が、自然災害、いくつかの地域で増加している内紛や内戦、また政治的武器として食料が利用されることの結果として飢餓に苦しんでいる。委員会は、飢餓と栄養不良の問題は発展途上国において特に深刻であることが多いとはいえ、十分な食料に対する権利に関連する栄養不良、栄養不足及びその他の問題は、経済的に非常に発展した国の中にも存在すると考える。根本的には、飢餓と栄養不良の問題の根源は、食料の欠乏ではなく、とりわけ貧困という理由により、世界の人口のかなりの部分が、利用できる食料へのアクセスをもたない［訳注：食料を得ることができない］ことである。

《第11条1項及び2項の規範内容》

6項 十分な食料に対する権利は、すべての男性、女性そして子どもが、一人で又は他の者と共に、十分な食料又は、その調達のための手段への物理的及び経済的アクセスを常に有するときに実現される。従って、十分な食料に対する権利は、これを、カロリー、蛋白質及びその他の特定の栄養素の最低限をひとまとめにしたものと同一視する、狭いないし制限的な意味で解釈されるべきではない。十分な食料に対する権利は、漸進的に実現される必要があるであろう。しかし、国家は、第11条2項で規定された通り、たとえ自然その他の災害時においても、飢餓を軽減し緩和するため必要な措置を取る中核的な義務を負っている。

《食料の利用可能性及びアクセスの十分さ及び持続可能性》

7項 十分さの概念は、規約第11条の目的上、アクセス可能な特定の食料又は食事がある一定の状況で最も適切といえるか否かを決定する際に考慮に入れられなければならない多くの要素を強調するのに役立つことから、十分な食料に対する権利に関しては特に重要である。持続可能性の概念は、十分な食料又は食料安全保障の概念と本質的なつながりをもつものであり、現在及び将来の世代の双方にとってアクセス可能な食料を含意している。「十分さ」の正確な意味は、かなりの程度、現在の社会的、経済的、文化的、気候的、生態学的及びその他の条件によって決定されるが、「持続可能性」は、長期的な利用可能性及びアクセス可能性の概念を組み込んだものである。

8項 委員会は、十分な食料に対する権利の中核的な内容は、個人の食物的ニーズ（dietary needs）を充足するのに十分な量及び質であり、有害な物質が含まれず、かつ、ある一定の文化の中で受容されうる食料が利用できること、持続可能であり、他の人権の享受を害しない方法で、そのような食料にアクセスできること、を含意すると考える。

9項　食物的ニーズとは、その食事が全体として、身体的及び精神的な成長、発達及び維持、並びに、ライフサイクルの全段階を通してまた性と職業に応じての人間の生理的必要性に合致した身体的活動のための栄養素を合わせたものを含むことを含意する。従って、最低限としての食料供給の利用可能性及びそれへのアクセスの変化が食物的な構成及び摂取に悪影響を与えないよう確保しつつ、食物的多様性並びに、適切な消費及び、母乳を含めた授乳の形態を維持、適応ないし強化するための措置をとることが必要になることもありうる。

10項　有害物質が含まれていないこととは、食料の安全、並びに、不純物の混合及び／又は環境衛生の悪さもしくは食物連鎖の各段階における不適切な取扱いを通しての食品の汚染を防止するための公の及び民間双方の手法による一連の保護措置の要件をおいたものである。また、自然発生する毒素を発見し、かつ回避又は破壊するための注意も払われなくてはならない。

11項　文化的に又は消費者に受容されうることとは、食料及び食料消費に付随している、栄養的なもの以外の価値観とみなされているもの、並びに、アクセス可能な食料供給の性質に関する、知識のある消費者の関心を、可能な限り考慮に入れる必要性を含意する。

12項　利用可能性とは、生産力のある土地もしくはその他の天然資源から自ら直接に食料を得ること、又は、生産地から、需要に応じて必要とされる場所まで食料を運搬することができる、よく機能する分配、加工及び市場制度をもつことのいずれかの可能性をさす。

13項　アクセス可能性は、経済的及び物理的なアクセス可能性の双方を含む。経済的なアクセス可能性とは、十分な食物のための食料の取得にかかる個人的又は家計の財政的費用が、他の基本的ニーズの達成及び充足が脅かされ又は害されることのないレベルのものであるべきだということを含意する。経済的なアクセス可能性は、人々が食料を調達するいかなる取得形態又は資格にも妥当し、十分な食料に対する権利の享受にとってどれだけ十分かを測る尺度である。土地をもたない人々や、その他人口の中で特に困窮した人々のような、社会的に脆弱な集団は、特別なプログラムを通して注意を払う必要があることもありうる。物理的なアクセス可能性とは、十分な食料が、幼児や少年、高齢者、身体障害者、末期患者、及び、精神病者を含めて恒常的に健康上の問題をもった人々を含むすべての人に対して、アクセス可能でなければならないことを含意する。自然災害の被害者、災害の起きやすい地域に住む人々及びその他の特に不利な状況にある集団は、食料へのアクセス可能性に関して、特別の注意、また時には優先的な配慮を必要とすることもありうる。特に脆弱性をもつのは、父祖の土地へのアクセスが脅かされていることがありうる、多くの先住民集団である。

(Shin Hae Bong『翻訳・解説「経済的、社会的及び文化的権利に関する委員会」の一般的意見3』青山法学論集、2000年)

この意見書によれば、全ての男性、女性そして子どもが、単独または他と共同して、物理的、経済的にいつでも適切な食料や入手する手段にアクセスできたとき、適切な「食料への権利」が実現されることになります。政府は、この権利を実現させるために、政策を立て事業を行って、人々が十分な食料を育て、買えるように保障しなければならないのです。そして、「適切な」食料とは、それは人間が健康で活発な人生を送るために十分な量と種類の食料のことであるとともに、有害な物質が含まれない食料のことであることは当然のこととされており、「食料への権利」とは、基本的な穀類や十分なカロリーを得る権利にとどまらないのです。

種子法が廃止されて、農業者が優良かつ安全・安心な種子を使って優良かつ安全・安心な農作物を生産し、消費者がその優良かつ安全・安心な農作物を購入して消費することができなければ、この意見書によって確認された「食料への権利」が侵害されていることは明らかと言えるでしょう。

2 食料への権利の前提となる「持続可能な開発」

世界人権宣言や国際人権規約に規定されている通り、すべての人は「食料への権利」として、いつでもどこでも十分な量、かつ安全で栄養のある食料を得られる権利を持っています。しかし、すべての人が、いつでもどこでも十分な量、かつ安全で栄養のある食料を得られるためには、食料供給自体が持続可能でなければなりません。

1960年代から始まった地球環境の危機

しかし、1960年代後半から世界中で増大化、複雑化、深刻化した環境問題は、食料供給にとどまらず地球環境自体が大きな危機に直面していることを明らかにし、地球や人類の持続可能性には大きな疑問符が付けられるようになったのです。

持続可能性の問題については、国立国会図書館調査及び立法考査局が２００９年に「持続可能な社会の構築」というテーマで総合調査を実施し、２０１０年に報告書が公表されて国立国会図書館のホームページで公開されていますので、この報告書を参考にしながら、持続可能性に関する国際的取り組みを振り返ってみます。

「成長の限界」とブルントラント委員会の指摘

１９７２年にローマ・クラブが発表した「成長の限界」は、「世界人口、工業化、汚染、食料生産、および資源の使用の現在の成長率が不変のまま続くならば、来るべき１００年以内に地球上の成長は限界点に達するであろう。もっとも起こる見込みの強い結末は人口と工業力のかなりの突然の、制御不可能な現象であろう」と指摘し、地球上に生存する人類の持続可能性に大きな警鐘を鳴らしました。そのうえで、「こうした成長の趨勢を変更し、将来長期にわたって持続可能な生態学的並びに経済的な安定性を打ち立てることは可能である。この全般的な均衡状態は、地球上のすべての人の基本的な物質的必要が満たされ、すべての人が個人としての人間的な能力を実現する平等な機会を持つように設計しうる」と、将来の「持続可能な開発」の概念の萌芽となる方向性を示唆しました。

この「成長の限界」の影響を大きく受けて１９７２年にストックホルムで開催された「国連人間環境会議」（ストックホルム会議）は、「持続可能な開発」という言葉こそ使っていませんが、「持続可能な開発」に関わる問題を取り上げた最初の国際会議と言われています。「かけがえのない地球　Only One Earth」

をスローガンに、「人間環境宣言」（ストックホルム宣言）と六つの分野の「行動計画」が採択されました。

ストックホルム宣言では、「人は、尊厳と福祉を保つに足る環境で、自由、平等及び十分な生活水準を享受する基本的権利を有するとともに、現在及び将来の世代のため環境を保護し改善する厳粛な責任を負う」（原則1）、「合理的な資源管理を行い、環境を改善するため、各国は、その開発計画の立案に当たり国民の利益のために人間環境を保護し向上する必要性と開発が両立しうるよう、総合性を保ち、調整をとらなければならない」（原則13）とされました。このストックホルム会議の勧告を受けて、1972年には国連環境計画（UNEP）が設立されました。

ストックホルム宣言の原則1や13で明らかなとおり、現在と将来の世代が食料の問題を含む十分な生活水準を享受することは、環境保護や資源管理と密接に関連し、「持続可能な開発」と不可分な問題であると捉えられるようになったのです。

ストックホルム会議から10年後の1982年には、ナイロビで「国連環境計画管理理事会特別会合」（ナイロビ会議）が開催され、「人間・資源・環境・開発の相互関係」や「経済成長と環境の両立」がナイロビ宣言や決議に盛り込まれました。また、日本が「21世紀の地球環境の理想像を模索

するとともに、これを実現するための戦略を策定する」ための特別委員会の設置を提案し、1983年の国連総会で採択されて翌年、「環境と開発に関する世界委員会」（ブルントラント委員会）が設置されました。

委員会の3年にわたる活動の成果は、「われら共有の未来　Our Common Future」と題する報告書にまとめられて1987年の国連総会で採択され、「持続可能な開発」（持続可能な発展の訳も）は、「将来の世代のニーズを満たす能力を損なうことなく、今日の世代のニーズを満たす」と定義されました。報告書は、「環境・経済・社会」の動態過程のなかで「発展」が可能であることを示唆し、進歩の可能性、資源・環境の限界・有限性、世代内・世代間の公平性について述べています。

深化する「持続可能な開発」の概念

このブルントラント報告の理念・概念は、1992年にリオデジャネイロで開催された「環境と開発に関する国連会議」（地球サミット）や、1995年にコペンハーゲンで開催された「社会開発サミット」に引き継がれました。

地球サミットでは、法的拘束力をもつ温室効果ガスの削減に関して取り決めた「気候変動枠組み条約」、「生物多様性条約」、そして法的拘束力は

ないが大きな意味をもつ「環境と開発に関するリオデジャネイロ宣言」（リオ宣言）、「森林原則声明」、「アジェンダ21」の五つの文書が採択されました。

リオ宣言は、ストックホルム宣言やナイロビ宣言を確認・発展させ、「アジェンダ21」は全40章にわたり各分野、各界、地方自治体、ＮＧＯ・ＮＰＯなどが行なうべき行動計画を具体的に示したという点で画期的なものでした。さらに、二つの国際的枠組み（条約）の取り決めは、環境的持続可能性を確保するうえで決定的な意味をもつことになりました。

これらのなかでも「アジェンダ21」は、「リオ宣言に含まれるすべての原則を十分に尊重しながら、異なった国や状況、また地域の対処能力や優先度の違う多様な行動者によって実行されてゆく」指針となり、「持続可能な開発のための新しいグローバルパートナーシップの開始を記すもの」として、極めて高い実践的内容をもつもの言われています。そして、１９９３年には、「アジェンダ21」の進捗状況を検討・検証するための組織として「持続可能な発展に関する委員会」（Commission on Sustainable Development：ＣＳＤ）が国連経済社会理事会内に設立されました。

１９９５年の「社会開発サミット」は、「経済発展、社会開発及び環境保護が相互に依存し、それらは、すべての人々がより高い質の生活に到達することに向けての我々の努力の枠組みである持続可能な開発のために相互に強化し合う要素であることを強く確信する。貧しい人々が環境資源を持続的に利用できるようにする公平な社会開発は、持続可能な開発のために必要な基礎である」とするコペンハーゲン宣言を採択しました。

この社会開発サミットの認識は、１９９７年の国連特別総会（地球サミット＋５）や２０００年の「国連ミレニアム・サミット」（U.N.Millennium Summit）に反映されました。地球サミット＋5では、「アジェンダ21の一層の実施のための計画」が採択され、国連ミレニアム・サミットでは、1990年代に開催された主要な国際会議やサミットで採択された国際開発目標を統合し、2015年を達成目標年次とする8ゴール（極度の貧困と飢餓の撲滅、普遍的な初等教育の達成、ジェンダー平等推進と女性の地位向上、乳児死亡率の削減、妊産婦の健康の改善、HIV／エイズやマラリアなどの疾病の蔓延の防止、環境の持続可能性、開発のためのグローバルなパートナーシップの推進）と18ターゲットに取りまとめ、そのための48の指標も作成されました（ミレニアム開発目標 Millennium Development Goals：MDGs）。

求められる環境・経済・社会の連携

そして、地球サミットの10年後の2002年に開催された「ヨハネスブルクサミット」では、「環境・経済・社会」の3側面とその関係性が明確にされました。同サミットで採択されたヨハネスブルグ宣言5では、「持続可能な開発の、相互に依存しかつ相互に補完的な支柱、即ち、経済開発、社会開発及び環境保護を、地方、国、地域及び世界的レベルでさらに推進し強化するとの共同の責任を負うものである」とされ、宣言8では、「リオ原則（リオ宣言内の27原則）に基づき、環境保全と社会・経済開発が持続可能な開発の基本であることに合意した」とされました。また、「実施計画」の2では、「持続可能な開発」の三つの構成要素を「経済開発」「社会開発」「環境保全」とし、「貧困撲滅、持続可能でない生産消費形態の変更、経済・社会開発の基礎となる天然資源の保護と管理は、持続可能な開発の、総体的目標であり、不可欠な条件」としました。ここでは明確に、天然資源（環境）の保護・保全という基礎の上に経済開発と社会開発があり、これらを「相互に依存し補強し合う支柱として統合する」ものと解されています。

地球サミットの20年後の２０１２年には、再びリオデジャネイロで「国連持続可能な開発会議」（リオ＋20）が開催されました。「持続可能な開発」を実施するための具体的措置を載せた成果文書「われわれの求める未来」が採択され、「持続可能な開発目標」（Sustainable Development Goals: ＳＤＧｓ）について政府間交渉のプロセスを立ち上げることと、ＳＤＧｓがＭＤＧｓに統合されることが合意されました。また、グリーン経済政策に関するガイドラインも採択されています。

そして、２０１５年9月の第70回国連総会では「我々の世界を変革する：持続可能な開発のための２０３０アジェンダ」が採択されました。２０００年の「国連ミレニアム・サミット」での国際開発目標は、極度の貧困半減やＨＩＶ／エイズやマラリアなどの対策では一定の成果を達成したものの、一方で未達成の課題も残されました。また、15年間で国際的な環境も大きく変化し、環境問題や気候変動の深刻化、国内や国際間の格差拡大、民間企業やＮＧＯの役割の拡大など新たな課題が浮上したため、先進国を含む国際社会全体の新たな開発目標として、２０３０年を期限とする包括的な17の「持続可能な開発目標」（ＳＤＧｓ）と、目標の下での１６９のターゲットが設定されました。ＳＧＤｓが途上国に限らず先進国を含む全ての国に適用されるというユニバーサリティ（普遍性）や、グローバルパートナーシップの重視が「２０３０アジェンダ」の特徴です。

さらに、ＭＤＧｓにおいて「環境、経済、社会の統合的向上」に向けた取り組みが十分でなかったことを踏まえ、「２０３０アジェンダ」序文では「持続可能な開発を、経済、社会及び環境という三つの側面において、バランスがとれ、統合された形で達成することにコミットしている」と明記されています。

持続可能な開発目標（SDGs）の詳細	
目標１（貧困）	あらゆる場所のあらゆる形態の貧困を終わらせる。
目標２（飢餓）	飢餓を終わらせ、食料安全保障及び栄養改善を実現し、持続可能な農業を促進する
目標３（保健）	あらゆる年齢のすべての人々の健康的な生活を確保し、福祉を促進する。
目標４（教育）	すべての人に包摂的かつ公正な質の高い教育を確保し、生涯学習の機会を促進する。
目標５（ジェンダー）	ジェンダー平等を達成し、すべての女性及び女児の能力強化を行う。
目標６（水・衛生）	すべての人々の水と衛生の利用可能性と持続可能な管理を確保する。
目標７（エネルギー）	すべての人々の、安価かつ信頼できる持続可能な近代的エネルギーへのアクセスを確保する。
目標８（経済成長と雇用）	包摂的かつ持続可能な経済成長及びすべての人々の完全かつ生産的な雇用と働きがいのある人間らしい雇用（ディーセント・ワーク）を促進する。
目標９（インフラ、産業化、イノベーション）	強靭（レジリエント）なインフラ構築、包摂的かつ持続可能な産業化の促進及びイノベーションの推進を図る。
目標10（不平等）	各国及び各国間の不平等を是正する。
目標11（持続可能な都市）	包摂的で安全かつ強靭（レジリエント）で持続可能な都市及び人間居住を実現する。
目標12（持続可能な生産と消費）	持続可能な生産と消費形態を確保する。
目標13（気候変動）	気候変動及びその影響を軽減するための緊急対策を講じる。
目標14（海洋資源）	持続可能な開発のために海洋・海洋資源を保全し、持続可能な形で利用する。
目標15（陸上資源）	陸域生態系の保護、回復、持続可能な利用の推進、持続可能な森林の経営、砂漠化への対処ならびに土地の劣化の阻止・回復及び生物多様性の損失を阻止する。
目標16（平和）	持続可能な開発のための平和で包摂的な社会を促進し、すべての人々に司法へのアクセスを提供し、あらゆるレベルにおいて効果的で説明責任のある包摂的な制度を構築する。
目標17（実施手段）	持続可能な開発のための実施手段を強化し、グローバル・パートナーシップを活性化する。

外務省資料

ＳＤＧｓの目標２では、「飢餓を終わらせ、食料安全保障及び栄養改善を実現し、持続可能な農業を促進する」とされ、ターゲットとして、２０３０年までに飢餓を撲滅（2.1）、小規模食料生産者の農業生産性および所得の倍増（2.3）、種子・栽培植物、飼育・家畜化された動物などの遺伝的多様性の維持（2.5）、などが設定されています。

3　持続可能な開発のための「持続可能な農業」

ＳＤＧｓの目標２の中に、持続可能な農業の推進、という記述がありますが、１９８７年にブルントラント委員会の報告の中で「持続可能な開発」が定義された翌年１９８８年、国連食糧農業機関（ＦＡＯ）の理事会が「持続可能な開発」について議論しています。

ＦＡＯが目指す農業の姿

議論の結果、次のように承認されました。

「持続可能な開発とは、天然資源基盤を管理、保全し、現在及び将来の世代のために、人間のニーズを達成し、又は、継続して充足させるようなやり方で、技術的変化及び制度的変化の方向づけをすることである。そのような（農業、林業及び漁業における）持続可能な開発は、土地、水、植物及び動物の遺伝資源を保全し、環境的に天然資源を悪化させず、技術的に適切、経済的に実行可能、社会的に受け入れ可能なものである」

要するに、「持続可能な農業とは、天然資源の損失や破壊を食い止め、生態系を健全に維持しつつ農業の生産性上昇を推進することを意味する」と定義されたのです。農村開発との関係では、「持続可能な農業」は自然資源と環境を保全しながら、質量両面で全ての人々に食料を安定的に供給し、それを通して農村に雇用を作り出し、生活と所得の安定性を維持向上させることが必要である、とされました。

しかし、途上国では貧困、教育不足、環境破壊の行動を誘発させる誤った経済的誘因によって「持続可能な農業」が阻害され、とくに貧困と環境破壊の密接な関係が農村の持続可能性を困難にしている、と指摘されています。

本章の冒頭で、いつでもどこでも十分な量、かつ安全で栄養のある食料を得られる権利である「食料への権利」の前提として、食料供給自体が持続可能でなければならないことを指摘しましたが、そのためには「持続可能な開発」が実践される必要があり、農業部門では、「持続可能な農業」が推進されなければならないのです。

「アジェンダ21」の目指した農業

1992年の地球サミットで採択された「アジェンダ21」でも、その14章に「持続可能な農業と農村開発の促進」が設けられ、「持続可能な農業」は「持続可能な開発」の取り組みの中で重要な位置を占めていました。

「持続可能な農業と農村開発の促進」の主要な目標は、持続可能な方法で食料生産を増加させ、食料安全保障を強化することであり、このために取り組むこととして、率先した教育努力、経済的奨励策の活用や、適切な新技術開発による栄養的に適切な食料の安定供給、社会的弱者への食料供給と市場向け生産の確保、貧困を軽減するための雇用と所得の創出、そして天然資源管理と環境保護が挙げられています。また、膨張する人口を支えるため、潜在力の高い農地の能力を維持、向上させることに優先順位を置きつつ、持続可能な人口／土地比率を維持するため、生産力の低い土地の天然資源を保全し、回復させることも必要としています。

SDGs達成のための取り組み

FAOは、SDGsが採択される前年の2014年、「持続可能な食料及び農業に関する基本ビジョン」(Common Vision for Sustainable Food and Agriculture) を公表しました。「持続可能な食料及び農業」については、前述した1988年の定義を前提に、「食料が栄養に富み、すべての人々に入手可能であり、自然資源や生態系機能が維持されるような管理がなされ、結果として現在および未来の世代の要求を満たすものとなる」ことと説明し、「持続可能な食料及び農業」に関する五つの主要原則を掲げました。

原則1　資源の利用効率を改善することが持続可能な農業にとって必須である。
原則2　持続可能性は、天然資源を節約、保護、強化する直接的活動を必要とする。
原則3　農村の生活と社会福祉の保護と改善に失敗した農業は、持続可能性がない。
原則4　持続可能な農業は、地域社会および生態系、とりわけ気候変動と市場の不安定性の回復力を強化しなければならない。
原則5　良好な統治は、自然と人間の両方のシステムの持続可能性のために不可欠である。

そして、「人々が健全で活発な生活を送るために十分な量・質の食料への定期的アクセスを確保し、すべての人々の食料安全保障の達成」を目的としているＦＡＯは、ＳＤＧｓ達成のため、より持続可能な食料システムの創出に向け、戦略目標として、①飢餓・食料不安・栄養不良の撲滅支援、②農林水産業の生産性・持続性の向上、③農村の貧困撲滅、④包括的かつ効率的な農業・食料システム、⑤災害に対する生計のレジリエンス（強靭さ）の強化、の五つを掲げています。

第5章　小農の権利と種子の権利とは

1　国連による小農の再評価

「持続可能な農業」の推進を図る中で、飢餓撲滅や環境（食料安全保障）のため、小規模農家の様々な権利を重要視する必要性が訴えられ続けています。

２０１１年の国連総会は、世界の飢餓撲滅と天然資源保全に関して家族農業が大きな可能性を有しているとし、２０１４年を「国際家族農業年」としました。

「国際家族農業年」の目的

その背景には、飢餓人口の増加があります。前章で紹介した２０００年の「国連ミレニアム・サミット」でのミレニアム開発目標（開発目標）の８ゴールのうちの一つである「極度の貧困と飢餓の撲滅」は、飢餓に苦しむ人口の比率を２０１５年までに１９９０年対比で半減することとされていました。しかし、２００３~２００５年に慢性的な飢餓状態にある人の数は全世界で８億４８００万人と１９９０~１９９２年の８億４２００万人より６００万人も増加し、さらに２００７年以降に生じた世界的な穀物価格の急騰やその後の景気後退によって、その達成は著しく困難なものとなりました。２００９年には飢餓人口は10億人を突破したとみられ、２０１０年以降はやや減少を示したものの、目標の飢餓人口の削減はまず不可能な情勢でした。

飢餓の大きな原因は貧困ですが、飢餓による栄養失調が活力の低下、学習意欲の低下などを通じて教育機会を奪い、貧困を再生産しており、その典型的な存在がアフリカ、アジアなどの小規模農業者であることから、国際家族農業年の決定では、これらの農業者の自立を支援して、貧困と飢餓の悪循環を断ち切ることが大きな目標となりました。

国際家族農業年は、家族農業や小規模農業が持続可能な食料生産の基盤として、世界の食料安全保障確保と貧困撲滅に大きな役割を果たしていることを広く周知することが目的でした。ＦＡＯによると、食料不安に苦しむ人口の70％以上がアフリカ、アジア、中南米の農村部に住んでおり、そうした人々の多くが家族農家で、中でも小規模農家は天然資源、政策、技術へのアクセスが限られています。

家族農業は、開発途上国、先進国ともに、食料生産において主要な農業形態となっており、社会経済や環境、文化といった側面で重要な役割を担っています。

「食料安全保障のための小規模経営への投資」報告

国際家族農業年の決定に際し、その理論的基礎、政策の方向性を得るため、世界食料安全保障委員会（ＣＦＳ）は専門家ハイレベルパネルに対し、小規模経営の農業投資に関する報告書をまとめるよう求めました。ＣＦＳはＦＡＯに置かれた委員会で、国際農業開発基金など多くの関連機関が構成員となっており、世界の食料安全保障と栄養に関するプラットフォームとして重要な役割を果たしている組織です。同パネルは２０１３年、「食料安全保障のための小規模経営への投資」と題する報告書を提出しました。

この報告書に関する農林中金総合研究所の原弘平氏の解説（「２０１４国際家族農業年―今問われる『家族農業』の価値―」農林金融、２０１４年1月）から引用すると、小規模経営の特性や価値は次のようにまとめられています。（一部改変）

> 報告書において、小規模経営は、①家族（単一または複数）によって営まれ、主として家族労働により経営が行われていること、②保有している資源（特に土地）に限界があり、持続可能な生活を営むためには高水準の総要素生産性が必要となること、③農外の活動からの収入に依存する割合が高く、それが経営の安定化に寄与していること、④生産・消費両面の経済単位であり、合わせて農業労働力の供給源となっていること、等の特性を有するとされている。
>
> こうした特性は兼業農家を含め、わが国の多くの農家が有するものである。また、世界的にみても、先進国を含めた多くの国において農業の基幹的部分を担っているものといえよう。報告書においては、そうした小規模経営の持つ価値について以下のような点を指摘している。

第一に、食料の供給に果たす小規模経営の役割の大きさという点である。報告書においては、世界的にみた小規模経営の土地生産性の高さを指摘しており、そこで紹介されている調査によると、全世界における小規模経営は少なくとも2億5千万戸存在し（筆者注：報告書自体では全世界におけるではなく中国におけるとされている）、耕作可能な農地の10％を利用しているにすぎないが、世界の食料の20％を生産している。この生産性の高さは、自営農業の場合の労働インセンティブの高さ、雇用労働力に依存する場合の取引・管理コストの高さによるものとされている。特に、今後長期的にみた場合、農地の限界性、食料需要の増大が世界的な課題となり、その際には短期的な経済合理性ではなく、小規模経営の持つ土地生産性の高さ、土地利用の持続可能性といったことの意味が、さらに重要性を増すものといえよう。

第二に、小規模経営の社会的な面での波及効果である。一般に労働集約的な小規模経営は雇用の吸収力が高い。特に、女性・高齢者といった、他の就業機会を得ることが難しい人々にとって、重要な就業の場を提供している。今回、国連が家族農業年を決定した背景の一つにはジェンダー問題があり、家族農業を支援することにより、女性の労働の場を改善しようとする意図も強く働いている。さらに、小規模経営が加工と結びつき地域の食料市場を形成するとき、そこで生み出される雇用は、農村地域においては無視できない存在となる。第三に、小規模経営の持つ様々な意味での安定性の高さである。自給的傾向の強い小規模経営は、血縁・地縁の互酬関係により生産物を共有し、食料危機等不安定な市場へのリスク対応を行う。また、経済的な変動においても、農家から都市に出た者が都市において失職した際のセーフティネットとしての機能を果たす。さらに、小規模経営の収入の多様性、特に農外所得による経営の安定性が高く評価されている点が注目されよう。

日本農業に警鐘鳴らす序文

国連は２０１４年を国際家族農業年と定め、小規模・家族農業の役割と可能性を再評価し、支援に乗り出すための啓発活動を展開しましたが、小規模・家族農業の置かれた状況を考えるとこの活動ではまだ不十分であるとして、世界で国際家族農業年をさらに10年間延長しようと、キャンペーン活動「国際家族農業年＋10」（ＩＹＦＦ＋10）が展開されました。世界60か国でキャンペーンのサポーター組織が立ち上げられ、２０１７年12月の国連総会で、２０１９年～２０２８年を「家族農業の10年」にすることが正式に決定されたのです。

このような国際家族農業年や家族農業の10年について、日本では必ずしもその重要性が十分に認識されているとは言えません。

しかし、２０１０年農業センサスでは、日本の兼業農家数は約１２０万戸で農家総数の72・3％に及び、農家の90万戸余り（全体の55・2％）が1ヘクタール未満、１３０万戸（全体の80・6％）が2ヘクタール未満とされます。ＣＦＳの専門家ハイレベルパネルによる報告書では、アジアにおいて小規模農業とそれより大きい規模の農業の境界を土地面積で1～2ヘクタールとするのが適切としていることからすれば、日本の農家の過半

は小規模農業です。

そして、前述の報告書の日本語版（「人口・食料・資源・環境　世界農業が世界の未来を拓く」農文協、2014年）に寄せられた序文は、次のように警鐘を鳴らしています。

日本は1人当たりGDPが高いことから、読者の中には、日本社会は食料不足や栄養失調とは直接関係がない、と初めは思う人もいるかもしれない。しかし、低い食料自給率（2012年はカロリーベースで39％）と、農業部門の高い高齢化率（2010年には農業従事者のうちで65歳以上の占める割合は60％以上）において、日本が置かれている状況は突出しているという点を指摘しておかなければならない。これは、今日の日本では、輸入された食料、飼料及び農業資材によって需要がまかなわれており、国内の農業生産システムはますます脆弱になりつつあるということを意味している。こうした課題に取り組むため、日本の政策決定者たちは、農地の集約化と規模拡大に向けた構造改革をより徹底し、企業の農業生産への参入を促進するための規制緩和を行うといった形で農業政策を方向づけてきた。しかし、こうした政策上の選択肢は、国民に対して十分な食料、雇用、および生計を提供できるのだろうか。食料保障を実現できるのだろうか。そして日本社会の持続可能な発展に貢献できるのだろうか。そのような疑問が持ち上がっている。

このような中、国会で満足な議論もないまま、規制改革推進会議が主導した種子法廃止法案が可決、成立されてしまうことに、日本という国家の存亡にかかわる危機が象徴されているといっても過言ではないのです。

2 食料・農業植物遺伝資源条約の誕生

２００１年のＦＡＯの総会で「食料・農業植物遺伝資源条約」（ＩＴＰＧＲ）が採択され、日本も批准しています。この条約が締結された経緯は次の通りとされています。

１９８３年のＦＡＯの総会は、植物遺伝資源は人類の遺産であり、その所在国のいかんにかかわらず世界中の研究者らが制限なく利用することができるようにすべきだ、との考え方に基づき、決議「植物遺伝資源に関する国際的申し合わせ」（国際的申し合わせ）を採択しました。この国際的申し合わせに基づき、世界各国から収集した遺伝資源を大量に保有している国際農業研究センターがＦＡＯと取り決めを結んだうえで、内外の研究者らに保有する植物遺伝資源を提供してきました。

他方、国連環境計画（ＵＮＥＰ）の下に設置された政府間交渉委員会で１９９２年に採択され、翌年発効した「生物の多様性に関する条約」（ＣＢＤ）では、各国が自国の天然資源に対して主権的権利を有することが確認され、遺伝資源の取得の機会の提供は、その遺伝資源がある各国の国内法令に従って決定されることになりました。

これに伴い、国際的申し合わせに基づく無制限の植物遺伝資源の提供が、生物資源の保全と利用に関する最も包括的な国際的枠組みであるＣＢＤの原則（天然資源に対する各国の主権的権利）に矛盾する可能性が指摘されるようになったのです。

生物多様性条約との矛盾を解消

このような矛盾を未然に防ぎ、解消するため、１９９３年のＦＡＯ総会で、国際的申し合わせをＣＢＤとの調和を図って見直すことが決議されました。その後、ＦＡＯ総会の下に置かれた「食料及び農業のための遺伝資源に関する委員会」での見直し交渉の過程で、食料と農業のための植物遺伝資源の取得の機会の提供については、保有する国の国内法令に基づく個別の合意を不要とし、ＣＢＤの特則を定める必要がある、と判断されました。これを受け、ＦＡＯ加盟国に対する勧告的効果しかない総会決議に代えて、ＣＢＤと同様に法的拘束力のある条約として作成することになり、２００１年11月、ローマで開催された第31回ＦＡＯ総会で、食料・農業植物遺伝資源条約（ＩＴＰＧＲ）が採択されたのです。

ＩＴＰＧＲの９条は、農業者の権利を定める規定です。１項では、農業者が「世界各地における食料生産及び農業生産の基礎となる植物遺伝資源の保全及び開発のために極めて大きな貢献」を行っていると規定しています。２項では、農業者の権利が食料と農業のための植物遺伝資源に関連する場合、農業者の権利を保護し、促進するために、「(a)食料及び農業のための植物遺伝資源に関連する伝統的な知識の保護、(b)食料及び農業のための植物遺伝資源の利用から生ずる利益の配分に衡平に参加する権利、(c)食料及び農業のための植物遺伝資源の保全及び持続可能な利用に関連する事項についての国内における意思決定に参加する権利について、必要な措置をとる」としました。

さらに３項では、「この条のいかなる規定も、農場で保存されている種子又は繁殖性の素材を国内法令に従って適当な場合に保存し、利用し、交換し、及び販売する権利を農業者が有する場合には、その権利を制限するものと解してはならない」として、農業者の自家採種の権利を保障しています。

3 「小農宣言」と種子の権利

「家族農業の10年」の開始を前に、２０１８年12月18日、国連総会で「小農と農村で働く人びとの権利に関する国連宣言」（小農宣言）が採択されました。

小規模・家族農業は、世界の食料の８割を生産し、世界の全農業経営体数の９割以上を占めています。将来にわたって、いかに食料を安定的に供給することができるかが世界的な課題になる中で、時代遅れだと思われていた小規模・家族農業が、「持続可能な農業」の実現という目標に照らして、実は最も効率的だという評価がなされるようになり、小農宣言が賛成１１９の多数で採択されたのです。小農宣言では、家族農業など小規模の農家（小農）の価値と権利を明記し、加盟国に対して小農の評価や財源確保、投資などを促す内容となっています。

大規模化進める日本は棄権

発展途上国を中心に賛同が圧倒的多数だった一方、米国や英国、オーストラリア、ニュージーランドなどが反対し、日本は棄権しました。日本政府は規模拡大を重視し、農業の大規模・企業化優先の政策を推進している現状にあり、国連で小農宣言の採決を棄権しただけでなく、今後も小農宣言にある小農の権利などに関して政策的に取り組む見通しは、決して明るくありません。

小農宣言は、「小農」について、「自給のためもしくは販売のため、またはその両方のため、一人もしくは他の人びととともに、又はコミュニティとして、小規模農業生産を行っているか、行うことを目指している人で、家族及び世帯内の労働力ならびに貨幣で支払いを受けないその他の労働力に対して、それだけにというわけではないが、大幅に依拠し、土地に対して特別な依拠、結びつきを持った人」（1条1項）と定義しています。また、「締約国は小農と農村で働く人びとの権利を、その領域および領域外において、尊重、保護、実現しなければならない」（2条1項）として、様々な小農の権利を規定しています。

そして、小農宣言19条に「種子の権利」が規定されています。非常に重要な規定なので全文を紹介します。

《19条　種子の権利》

(1)　小農民と農村で働く人々は種子に対する権利を持ち、その中には次の内容が含まれる。

a　食料と農業のための植物遺伝資源にかかわる伝統的知識を保護する権利

b　食料と農業のための植物遺伝資源の利用から生じる利益の受け取りに公平に参加する権利

c　食料と農業のための植物遺伝資源の保護と持続可能な利用にかかわる事柄について、決定に参加する権利

d　自家採種の種苗を保存、利用、交換、販売する権利

(2) 小農民と農村で働く人々は、自らの種子と伝統的知識を維持、管理、保護、育成する権利を持つ。

(3) 国は、種子の権利を尊重、保護、実現し、国内法に置いて認められなければならない。

(4) 国は、十分な質と量の種子を、播種を行う上でもっとも適切な時期に、手頃な価格で小農民が利用できるようにしなければならない。

(5) 国は、小農民が自らの種子、または、自らが選択した地元で入手できる他の種子を利用するとともに、栽培を望む作物と種について決定する権利を認めなければならない。

(6) 国は、小農民の種子制度を支え、小農民の種子と農業生物多様性を促進しなければならない。

(7) 国は、農業研究開発が、小農民と農村で働く人々の必要に応じて向けられるようにしなければならない。国は、小農民と農村で働く人々が、研究開発の優先事項やその開始の決定に積極的に参加できるようにし、彼らの経験が考慮され、彼らの必要に応じ孤児作物（注：ある地域では重要な作物であるが、近代的な育種や生産技術の改善などの対象にされてこなかった作物をさす。世界各地で食用とされているイモ類や雑穀などが該当）や種子の研究開発への投資を増やすようにしなければならない。

19条6項では、国が小農民の種子制度を支えなければならないと規定されていますが、この規定の趣旨で制定されたのが種子法なので、種子法の廃止は、この6項と全く相反することになります。

世界の潮流に逆行する日本農政

世界人権宣言、国際人権A規約の中で認められた「食料への権利」を実質的に担保する「持続可能な農業」は、植物の遺伝子資源の保全が前提とされており、植物の遺伝子資源の保全の対象として、種子は極めて重要な位置を占めています。そして、「持続可能な農業」の基盤となる家族農業や小規模農業が営農を続けるうえで、自由に種子を保存し、利用し、交換し、販売できることは必須のことです。このことを保障する小農の「種子の権利」を規定した小農宣言が2018年の国連総会で採択されたにもかかわらず、日本は棄権したのです。

今回の種子法の廃止が、このような国際的潮流に逆行するものであることは明らかであり、小農宣言の採択の際に日本が棄権したことについても同様な指摘ができます。

なぜ日本の農政は世界の潮流に逆行していくのか。その原因を探るために、次章では、戦後まもなくからの日本の変遷を振り返ってみます。

第6章　日本農政の変遷──種子法廃止に至る経緯

1　農業基本法下での農業の衰退

国土の壊滅的な被害を受け、日本が第二次世界大戦に敗れた翌年の１９４６年当時、農家戸数は約５７０万戸、農家人口は約３４２５万人でした。前年の国勢調査時の総人口は約７２１４万７０００人で、その47・５％を占めていました。敗戦直後の日本は、国民の２人に１人が農家で暮らし、農業をはじめとする第１次産業以外に見るべき産業がないような状態に陥っていました。

輸入に頼る農産物

その後、戦後復興で日本は製造業を中心に目覚ましい経済成長を遂げます。１９５４年、アメリカが余剰農産物を日本に売って得た円資金を使って日本の工業援助、経済力増強と駐留アメリカ軍の物資や役務調達を進めることなどを約したＭＳＡ協定（相互防衛援助協定）をアメリカと結び、アメリカからの小麦や大豆の輸入が定着します。そして１９６１年、農業政策を一般経済政策の一環に位置づける農業基本法（旧基本法）が制定されました。

国際分業論を前提に、日本は経済効率性に優れた製造業に比べて自然的社会的制約が大きく条件が不利な農業を抱えているとして、旧基本法では農業生産について選択的拡大の方針が取られました。

選択的拡大とは、国内の農産物を①需要の現状と見通しから成長財として施策の重点をおくもの（畜産物、果物、てん菜など）、②生産性の向上を期待するもの（水稲など）、③輸入依存が高く増産よりコスト低下を図るもの（小麦、大豆、なたねなど）、④生産抑制（陸稲、雑穀）や用途拡大・生産転換（甘しょ、陸稲、大裸麦、まゆ）するもの、に区分する生産政策です。

一方、西ヨーロッパ諸国の生産政策は、それぞれの国で生産できるもののうち国内で不足する農産物をどう生産し、こうした農産物が輸入農産物より競争力が劣る場合には、生産性をどう向上させて国際競争力を強化するかに基本がありました。戦後日本のような基本法下の選択的拡大政策は国際的に特異で、選別生産政策に過ぎず、国際競争力の劣る農産物の輸入依存度を強める方向性を持っていた、と言うことができます。

このように、競争力のない農産物は輸入に頼らざるをえない状況が法的枠組みの下で作られました。

コメの関税化と食料自給率の低下

過剰となったコメ生産では、１９７０年から本格的な生産調整（減反）が始まり、補助金の下で転作が奨励されました。しかし、補助金が次第に減らされると、一旦進展した転作は後戻りをはじめます。また、製造業による大幅な貿易黒字の解消のためにも進められた東京ラウンド（１９７３年～１９７９年）など農産物の輸入自由化の波は、オレンジ・牛肉のように成長分野とされていた畜産・果実の分野にも及ぶようになり、農業全体の縮小化に繋がっていきました。

１９６１年に76％あったカロリーベースの食料自給率は、２０００年には40％となり、ウルグアイ・ラウンドの農業交渉の最終合意（１９９３年）で関税化の特例措置が取られていたコメも結局、１９９９年から関税化されました。そんな中、農業基本法に代わって同年、食料・農業・農村基本法（新基本法）が制定されました。

2　ＴＰＰ発効の壊滅的影響

新基本法では、食料の安定供給は生産拡大、輸入、備蓄の組み合わせによって図り、合理的な価格で提供されなければならないとされ、農産物輸入を前提とする農政が明文上、是認されてしまいました。そして、農業の持続的発展のために効率的で安定的な農業経営を育成し、農業生産の相当部分を担う農業構造を確立するために農業経営の規模拡大を促進する施策を講ずるとして、兼業農家などの小規模農業に対する冷淡な方針が打ち出されたのです。

停滞・縮小していく農業

一方で、新基本法には国土の保全、水源のかん養、自然環境の保全、良好な景観の形成、文化の伝承など、農業の持つ多面的機能を発揮する規定が置かれました。農業の自然循環機能を維持増進することにより、持続的発展を図らなければならない、と規定されました。

しかし、多面的機能の発揮は生産活動が行われることが前提となるため、食料自給率が減少したままでは十分に発揮することはできません。多面的機能を十分発揮するためにも食料自給率の向上が必要なため、新基本法では、5年毎に食料・農業・農村基本計画を策定して食料自給率の目標を定めることにしました。2000年に最初の基本計画が策定されて以降、2005年、2010年、2015年と改訂されるごとに10年後の自給率目標（カロリーベース）が定められました。しかし、2010年計画で50％とした以外、目標はすべて45％でした。実績は、1998年には40％でしたが、2017年には38％、2018年には37％と微減の状態が続いています。

新基本法に農業の自然循環機能の維持増進が謳われていても、有機農業の普及は進んでいません。有機農業の面積は耕地面積全体の約0・5％しかなく、有機食品の市場規模は食品市場の1％を下回っており、新基本法が真に「持続可能な農業」をめざしていると評価することは極めて困難です。すでに、2017年には総人口1億2670万人のうち農家人口は437万人まで減少しており、2018年には538兆円余のGDP（国内総生産）のうち農業生産は1％を切っています。こうした日本農業の現状は、「持続可能な農業」といえるかどうか論じるまでもなく、TPPの発効が最後のとどめとなるのではないかと壊滅的影響が懸念される状況になっているのです。

農業保護に関する誤解

食料自給率の低下が食料安全保障上、由々しき問題であるのは当然ですが、輸入農産物の増大は、新基本法の理念の一つである農業と農村の多面的機能の発揮にとっても、代替することのできない大きな損失を招きかねません。また、日本の国土の大部分を占める地方が農業などの第1次産業を主要な産業としている中で、これ以上農業を衰退させれば当然、地方は崩壊します。自然資源に恵まれ、伝統的な文化と暮らしの揺りかごであり、かつ人材の供給源であった地方を切り捨て、効率化のため、さらに都市への人口集中を許してしまうことは、日本という国としての持続可能性を失いかねません。

欧米各国では、食料供給だけでなく伝統と文化を守り、国土を保全するために不可欠な存在である農業者への保護は当たり前、との認識が国民の間で広く共有されています。しかし、そんな実情を正確に紹介することもないまま、「日本の農家は過保護で自助努力が足りない」として農業保護を減らし続け、「兼業農家や中小農家は規模拡大の足枷(あしかせ)になる」としてその存在を罪悪視するかのように扱ってきた日本の農政は、国を誤った方向に導いているのではないかと危惧されているのです。

党利党略で揺らぐ基本政策

食料・農業・農村基本計画の食料自給率目標が変遷する背景には、看過できない問題が存在しています。食料自給率目標を50％に引き上げた2010年計画の前書きを見てみましょう。

まず、「途上国では、人口増加や経済発展に伴って、資源や食料の消費が増え続けている。また、米国などを中心にバイオ燃料の増産が進むなど、農産物の用途も多様化しており、農産物の国際的な需要は今後更に高まることが予想される。地球全体では、環境問題が深刻化し、農地の減少が進む中、食料輸出国は輸出規制を導入し、途上国の貧しい人々を中心に飢餓や暴動が深刻化している」と、世界の現状を分析します。そのうえで日本について、「こうした状況にもかかわらず、世界最大の食料純輸入国である我が国は、『経済力さえあれば自由に食料が輸入できる』という考え方から脱し切れていない。四方を海に囲まれた島々から構成される狭い国土条件の下で、1億2千万人を超える国民を養う必要がある我が国においては、国民に対する国家の最も基本的な責務として、食料の安定供給を将来にわたって確保していかなければならない」と述べます。

そして今後について、「我が国は、これまでの農政の反省に立ち、今こそ食料・農業・農村政策を日本の国家戦略の一つとして位置付け、大幅な政策の転換を図らなければならない。我が国の農業・農村には、こうした情勢の変化に対応し、大きな役割を果たすことができる十分な潜在力がある。国内の農地を最大限に活用し、そこで生産された安全で質の高い農産物や、それらを原料とした加工品などとして大きな付加価値を付けて販売することができれば、食料自給率の向上だけでなく、世界的な食料事情の安定化と国際的な市場の拡大につながる」との認識を示し、10年後の食料自給率目標として50％を掲げると表明しています。

さらに、農業経営規模の大小を問わず、「水田農業を対象として、米を生産数量目標に即して生産した販売農家・集落営農に対して、標準的な生産に要する費用と標準的な販売価格の差額分を交付」し、「水田を活用して食料自給率の向上などを実現するため、麦、大豆、米粉用米・飼料用等の戦略作物の生産に対して、主食用米並みの所得を確保し得る額を交付する」と宣言し、「戸別所得補償制度」を導入したのです。

１９９５年に世界貿易機関（ＷＴＯ）が発足し、価格支持政策による農業保護が厳しく制限されて以来、欧米を中心とした農業先進国では、農業者が再生産を維持できるようにと、再生産費用を確保するための農業者助成に腐心してきました。しかし日本は、農業者のコスト削減努力が不足していると強調し、再生産費用の確保に十分といえない政策を取り続けてきました。

そのような中で、食料自給率目標の向上に意欲を示し、米作での再生産費用を確保するために戸別所得補償制度を導入した２０１０年計画は、農政の国際的潮流に少しでも近づこうとする意欲的なものでした。この計画を契機に日本の農政が大転換を遂げる可能性もありました。

政権交代後に引き戻された自給率目標

しかし、次の２０１５年計画は、食料自給率の目標について、「各品目別に数量目標に対する生産の進捗状況を見ると、課題に対する取組が不十分な品目がある一方で、当初の目標設定が過大と考えられる品目もあり、

これらの結果、特に供給熱量ベースの総合食料自給率の目標が現状と乖離（かいり）している状況となっている」として、前述の通り、10年後のカロリーベースの食料自給率目標を45％に戻してしまい、戸別所得補償制度の廃止も決定したのです。

この2015年計画は、2013年5月に内閣に設置された農林水産業・地域の活力創造本部が同年12月に決定した農林水産業・地域の活力創造プランの中で、「本プランにおいて示された基本方向を踏まえ（中略）食料・農業・農村基本計画の見直しに着手する」とされ、策定されました。しかし、民主党政権下で2010年に策定された農政の大転換を目指す意欲的な計画が、2012年の自民党への政権交代で否定され、再び従来の農政に引き戻されてしまった感は否めません。国政の根本となる農政の基本政策が党利党略に左右されてしまうことの弊害は極めて深刻だといえます。

3　だれのための種子法廃止なのか

前述の農林水産業・地域の活力創造プランには、「農業競争力強化プログラム」という別紙が付けられていました。このプログラムには、「戦略

物質である種子・種苗については、国は、国家戦略・知財戦略として、民間活力を最大限に活用した開発・供給体制を構築する。そうした体制整備に資するため、地方公共団体中心のシステムで、民間の品種開発意欲を阻害している主要農作物種子法は廃止するための法整備を進める」と書かれていました。

想定される多国籍企業の参入

最大限活用する民間活力には、日本国内のメーカーだけではなく、独占的な力を持つ多国籍企業も当然想定されています。多国籍企業は遺伝子組み換え農産物に積極的なうえ、種子とともに使用を義務付けた農薬などをセットで販売するシステムを取ることが予想され、安全な農産物の供給という観点からは非常に大きな問題です。

それらの多国籍企業が販売する種子は、F1種（first filial hybrid, 雑種第一代）である可能性があります。F1種は、異なる系統や品種の親を交配して得られる作物の優良品種のことで、通常、その一世代に限って安定して一定の収量が得られる品種であるため、品質を維持するには毎年購入しなければなりません。また、F1種でなくても契約で自家採種が禁じられたり、自家採種が禁止される品種（種苗法21条3項）に指定されたり、種苗法自体の改正で原則自家採種が禁止されたりすれば、多国籍企業は大手を振って種子市場に進出し、莫大な利益を得ることになります。

欧米諸国では最近、従来は安全とされていた農薬の健康被害が明らかになっています。グリホサートを主成分とする除草剤「ラウンドアップ」ががん発症の原因だとして、全米で4000人を超える人々が製造販売元のモンサント社を相手取り、損害賠償請求訴訟を起こしています。2018年8月には、終末期のがん患者が原告となった訴訟で、カリフォルニア州サンフランシスコの地方裁判所はモンサント社に対し、補償的損害賠償として3920万ドル、さらに、ラウドアップには発がん性があると消費者に警告しなかったことについての懲罰的損害として2億5000万ドルの支払いを命じています（その後控訴審で懲罰的損害部分は取り消された）。

そんな中、日本では2017年12月、グリホサートの使用緩和措置が取られました。厚生労働省通達「食品・添加物の一部基準を改正する件について」はグリホサートについて、小麦で6倍、ライ麦やソバで150倍、ヒマワリの種子で400倍という大幅な規制緩和を実施しています。これらの状況からしても、日本の農政が農産物の安全・安心よりも多国籍企業の利益を優先している、とのそしりは免れません。

種子法廃止で侵害された「食料への権利」

第5章で述べたとおり、食料・農業植物遺伝資源条約（ITPGR）は農業者の権利として、種子に対する保存、利用、交換、販売の権利を制限してはならないとし、「小農と農村で働く人びとの権利に関する国連宣言」（小農宣言）は、小農民と農村で働く人々に「種子の権利」を認めています。

このような中で、農林水産業・地域の活力創造プランに基づいて2018年に種子法が廃止されたことは、持続可能な農業を実現するために日本の農業者が果たしている役割の重要性を無視し、農業者が種子法によって供給されてきた安価で優良な種子で農産物を生産することや、消費者がその農産物を購入して消費することを妨害することになります。その意味で、種子法の廃止は、世界人権宣言や国際人権A規約に規定されている農業者や消費者の「食料への権利」を明白に侵害するものと言わざるをえないのです。

種子法廃止はなぜ憲法違反なのか

平岡　秀夫（弁護士、第88代法務大臣）

私は、TPP違憲訴訟弁護団の第３次訴訟提訴から同弁護団の一員に加わりました。その第３次訴訟で取り上げられたのが、種子法廃止に関する違憲確認でした。

種子法廃止が、TPP協定を背景に日本国政府によって強行実現させられ、国民生活に多大な影響を与えることは、新しく弁護団の一員となった私にもよく認識できていました。

しかし、この種子法廃止が、どのように憲法に違反するものであるのか、またはどのように違法であるのかについて、どのように理論構成していくのかは、弁護団にとっても長い時間をかけての検討と議論が必要な問題でした。

初期の段階では、伝統的な憲法議論として、①営業・職業の自由（憲法22条１項）の侵害、②財産権（憲法29条）の侵害を問うことを取り上げたほか、短時間かつ拙速な国会審議の違法性を問うことが議論されていました。

ただ、どうもシックリしません。農業問題に詳しい弁護士が加わったこともあって、いつしか、種子法は食料問題として、食料問題は生存権（憲法25条）の問題として取り上げることが中心となるべきではないかという方向性が検討の遡上に上がってきました。

憲法25条は、「すべて国民は、健康で文化的な最低限度の生活を営む権利を有する」（１項）などと規定しており、「食」という語を全く使っていませんが、そこは、世界人権宣言や国連社会権規約などに示された普遍的考え方で補完することができると考えます。

とりわけ、最近は、国際的にも、国民社会の中での小規模・家族農業の重要性が認識されてきており（我が国でも、小規模・家族農業の重要性がシッカリと認識されるべきです）、2018年12月の国連総会で出された「小農宣言」の中では、小農民等について、自家採種の種苗の利用を含む「種子に対する権利」も盛り込まれています。

第３次訴訟においては、日本国憲法が国際的な潮流を踏まえて解釈されるとともに、その解釈に基づいて画期的な結論が出されることを期待します。

第7章　種子法廃止を憲法から読み解く

1　十分な生活水準を保持する権利

第4章で述べた通り、「食料への権利」は、世界人権宣言25条の「すべて人は、衣食住、医療及び必要な社会的施設等により、自己及び家族の健康及び福祉に十分な生活水準を保持する権利」のうち、「食」の部分に関する権利です。そして、より具体的には、国際人権A規約11条の「自己及びその家族のための相当な食料（food）、衣類及び住居を内容とする相当な生活水準についての並びに生活条件の不断の改善についてのすべての者の権利」のうち、「食料」の部分に関する権利です。

世界人権宣言25条にいう「十分な生活水準を保持する権利」とは、人間が生活を営むのに最低限の衣食住への権利を保障するものです。世界人権宣言に規定されるきっかけは、アメリカ大統領フランクリン・ルーズベルトが１９４１年、いわゆる四つの自由の演説のなかで、「表現の自由」「信教の自由」「欠乏からの自由」「恐怖からの自由」について述べたことだったと言われています。

この「十分な生活水準を保持する権利」は、社会保障受給権を定める世界人権宣言22条、「すべて人は、社会の一員として、社会保障を受ける権利を有し、かつ、国家的努力及び国際的協力により、また、各国の組織及び資源に応じて、自己の尊厳と自己の人格の自由な発展とに欠くことのできない経済的、社会的及び文化的権利を実現する権利を有する」の規定と密接に結びついています。

憲法25条との関連は

日本国憲法25条は、1項で「すべて国民は、健康で文化的な最低限度の生活を営む権利を有する」とし、2項で「国は、すべての生活部面について、社会福祉、社会保障及び公衆衛生の向上及び増進に努めなければならない」と生存権を定めています。この生存権の規定は、「健康で文化的な最低限度の生活」と一定の生活水準を保障する趣旨という点で、世界人権宣言25条の「十分な生活水準を保持する権利」と結びついています。また、2項の「国は、すべての生活部面について、社会福祉、社会保障及び公衆衛生の向上及び増進に努めなければならない」としている点は、世界人権宣言22条の社会保障受給権と結びつき、両方を併せ持つ規定と理解されるべきです。

しかしながら、憲法25条の生存権の規定については、従来、人間の尊厳に値する生活を営むために必要な諸条件の確保を国家に要求する権利であり、国家はその実現に努力する義務を負っていますが、法文上に「衣食住」という文言がないため、人間の尊厳に値する生活として具体的に衣食住の生活水準を保障する権利とは必ずしも十分認識されていませんでした。

そもそも日本の場合、数十年にわたる高度経済成長の下で国民が豊かな消費社会を謳歌(おうか)していたため、衣食住の欠乏を深刻な問題として実感することは災害時を除いてほとんどなく、衣食住の生活水準を生存権の問題と捉える必要性が乏しかったことは否めません。

憲法25条の生存権規定については、プログラム規定か、具体的権利を定めたものか、抽象的権利を定めたものか、という法的性格や、裁判規範になりうるか、ということは長く議論されてきました。一方で、憲法25条に「十分な生活水準を保持する権利」として「食料への権利」が内包されるかどうか、という議論はあまり展開されてこなかったのです。

しかしながら、人間の尊厳に値する生活を営むうえで十分な衣食住が確保されるべきであるのは当然のことです。従って、憲法25条は衣食住についての十分な生活水準の保持を保障しているものと解釈されなければなりません。

2 国際人権規約の遵守と憲法解釈

国際人権規約は、世界人権宣言に示された諸権利の大半を承認しており、それらをより詳細に規定し、宣言にない若干の権利も加えて国連総会

で採択されています。日本は、国際人権規約を条約として批准しており、国際人権規約を当然に遵守しなければなりません。

国際人権規約と憲法との関係については、憲法学の泰斗（たいと）である芦部信喜博士が論考で次のように触れています。

> 憲法第98条2項で『条約を誠実に遵守する』ということになっておりますので、（中略）人権条約の規定が日本国憲法よりも保障する人権の範囲が広いとか、保障の仕方がより具体的で詳しいとかいう場合は（中略）憲法の方を条約に適合するように解釈していくことが必要だと思うのです。つまり、人権条約の趣旨を具体的に実現していくような方向で憲法を解釈する、それが憲法解釈として必要になってくるわけです。
>
> （芦部信喜『憲法叢説2』信山社、1995年、22頁）

したがって、生存権を規定する憲法25条の解釈については、国際人権A規約との関係においても、世界人権宣言25条を基に国際人権A規約11条に規定された「自己及びその家族のための相当な食料、衣類及び住居を内容とする相当な生活水準についての並びに生活条件の不断の改善についてのすべての者の権利」が内包されているものと解釈しなければならないのです。

種子法廃止は憲法25条違反

憲法25条が国際人権A規約11条の内容を包含するとした場合、具体的な解釈は「経済的、社会的及び文化的権利に関する委員会」の一般的意見第12号を参考にしなければなりません。

やはり第4章で紹介した通り、同意見第12号8項では、「十分な食料に対する権利の中核的な内容は、個人の食物的ニーズ（dietary needs）を充足するのに十分な量及び質であり、有害な物質が含まれず、かつ、ある一定の文化の中で受容されうる食料が利用できること、持続可能であり、他の人権の享受を害しない方法で、そのような食料にアクセスできること、を含意すると考える」とされています。

そして、利用可能性については、12項で「生産力のある土地もしくはその他の天然資源から自ら直接に食料を得ること、又は、生産地から、需要に応じて必要とされる場所まで食料を運搬することができる、よく機能する分配、加工及び市場制度をもつことのいずれかの可能性をさす」とされ、アクセス可能性については、13項で「経済的及び物理的なアクセス可能性の双方を含む。経済的なアクセス可能性とは、十分な食物のための食料の取得にかかる個人的又は家計の財政的費用が、他の基本的ニーズの達成及び充足が脅かされ又は害されることのないレベルのものであるべきだということを含意する（以下略）」とされています。

以上からすれば、農業者が自由に天然資源である種子を使って、優良かつ安全・安心な農産物を栽培することや、その農産物を消費者が購入して消費することは、「食料への権利」として当然に憲法25条の生存権規定が保障していると解釈するべきです。

今回の種子法廃止によって、農業者が安価で優良、かつ安全・安心な種子で農産物を生産し、消費者がその農産物を購入して消費する機会が奪われ、農業者や消費者の「食料への権利」が積極的に侵害されたことは、明らかに憲法25条に違反するのです。

3 持続可能な開発・農業と憲法25条

「食料への権利」が、「十分な生活水準を保持する権利」の一内容として、生存権を規定する憲法25条で保障されていることは前述の通りですが、それでは、「食料への権利」を担保する機能を果たす「持続可能な開発」「持続可能な農業」と憲法25条の関係をどのように考えるべきでしょうか。最後に触れておきたいと思います。

世界人権宣言25条1項は、十分な生活水準を保持する権利として「食料への権利」を認め、1966年の国際人権A規約11条で、より具体的に「食料への権利」が規定されました。

11条1項には、「相当な食料、衣類及び住居を内容とする相当な生活水準（中略）の実現を確保するために適当な措置をとり、このためには、自由な合意に基づく国際協力が極めて重要」とあります。この「相当な食料、衣類及び住居を内容とする相当な生活水準」というのは、「持続可能な開発」の定義「将来の世代のニーズを満たす能力を損なうことなく、今日の世代のニーズを満たす」の中に登場する「ニーズ」の最も根幹部分をなすもの、ということができます。

したがって、その実現のための適当な措置や国際協力というのは、「持続可能な開発」の取り組みと重なってきます。「十分な生活水準を保持する権利」を保障した世界人権宣言や国際人権規約は、策定当時は地球環境問題が十分意識されていなかったとはいえ、「持続可能な開発」によって確保されるべき世代のニーズを根拠づけている、と言って過言ではありません。

そうであるからこそ、「持続可能な開発」の国際的取り組みの嚆矢となるストックホルム会議（1972年）で採択されたストックホルム宣言は、「人は、尊厳と福祉を保つに足る環境で、自由、平等及び十分な生活水準を享受する基本的権利を有するとともに、現在及び将来の世代のため環境を保護し改善する厳粛な責任を負う」（原則1）と、十分な生活水準を保持する権利に直接言及しているのです。

また、国際人権A規約の11条2項は、「食料への権利」の正に中核となる飢餓を免れる権利の保障と、そのための具体的措置として、「(a)技術的及び科学的知識を十分に利用することにより、栄養に関する原則についての知識を普及させることにより並びに天然資源の最も効果的な開発及び利用を達成するように農地制度を発展させ又は改革することにより、食料の生産、保存及び分配の方法を改善すること。(b)食料の輸入国及び輸出国の双方の問題に考慮を払い、需要との関連において世界の食料の供給の衡平な分配を確保すること」を定めています。

SDGsと重なる目標

これは、まさに飢餓撲滅のため、食料安全保障と「持続可能な農業」の推進を図るSDGsの目標2と重なります。また、「人々が健全で活発な生活を送るために十分な量・質の食料への定期的アクセスを確保し、すべての人々の食料安全保障の達成」を目的として、持続可能な食料と農業の推進に取り組むFA

Oが、ＳＤＧｓ達成のための五つの戦略目標の一つとして、「飢餓・食料不安・栄養不良の撲滅支援」を掲げることとも重なっているのです。

生存権を規定する憲法25条の解釈では、前述したとおり、国際人権A規約との関係においても、世界人権宣言25条をもとに国際人権A規約11条に規定された「自己及びその家族のための相当な食料、衣類及び住居を内容とする相当な生活水準（十分な生活水準）についての並びに生活条件の不断の改善についてのすべての者の権利」が内包されていると解釈されますので、「十分な生活水準を保持する権利」を担保するための「持続可能な開発」「持続可能な農業」に関する国内の取り組みについても、憲法25条の生存権規定に根拠を置く施策として位置づけられるものと考えます。

従来、「持続可能な開発」と基本的人権の関係についてはあまり論じられることがありませんでしたが、将来世代がそのニーズ（十分な生活水準）を満たして地球上で生存していくために、「持続可能な開発」の実現が不可欠となっている現代では、生存権を保障する憲法25条が「持続可能な開発」と無縁であると考えることは、もはやできないと言わざるをえません。ＳＤＧｓは、憲法25条で規定されている生存権を実質的に保障するための取り組みと言うことができるのです。

補論　種苗法改定で奪われる種子の権利

上程される種苗法改定法案

種苗法の改定案が２０２０年１月からの通常国会に上程されることが明らかになりました。改定案は、主要農作物コメ、麦、大豆の公共の種子を守るどころか、大変な内容になりそうです。

政府は、種苗法改定のために２０１９年３月から９月まで５回にわたり、「優良品種の持続的な利用を可能とする植物新品種の保護に関する検討会」を開いてきました。農林水産省は第５回目の検討会で「第４回検討会までに提起された課題」を発表しましたが、そこには大変なことが丁寧に赤字で書かれています。

種苗法は例外規定が多く複雑で理解が難しいから「自家増殖や転売は一律禁止」といった、現場が理解しやすいシンプルな条文にすべき。

種苗の「増殖」というは一般の人には分かりにくいと思いますが、農家がイチゴなどを栽培する時はタネを播（ま）くのではなく、10本ほどの種苗を買ってきて芽出しし、数千本に増やして植えています。これを「自家増殖」と呼び、芋類、サトウキビなども同様です。果樹類は接ぎ木などで増やし、「栄養繁殖」とも呼ばれています。

種子の場合であれば、収穫物から採れた種を使って再生産することになり、これは「自家採種」と呼ばれます。しかし、第2章の4で触れたように、農民の自家採種の権利を否定する1991年改正のUPOV条約を批准した国では、国内法整備のため自家採種を禁止する法律制定が図られています。これらはモンサント法案やモンサント法と呼ばれ、農業者は粘り強く抵抗活動を続けています。

これまで日本の農家は、長年にわたってコメ、麦、大豆などは良好なものを種子として残し、野菜などはいいものから種子を採種し、それを翌年に播いて収穫してきました。自家採種が当たり前の様になされてきたから、私たちは美味しく安全で伝統的な固定種の農産物を食べてこられたのです。UPOV条約を批准している日本政府は、育種権の保護の強化には自家採種禁止が必要だとしていますが、条約14条、15条では、合理的な範囲内で育種権者の権利を制限できるとなっているため、現在の種苗法を改定する必要はありません。

政府は、2013年に食糧農業遺伝資源条約も締結して批准しています。それによれば、締約国は種子を農民の権利として保護しなければならず、種子に関する意思決定には農民を参加させなければならない、とされています。そして2018年に国連で採択された小農宣言にも、農民の種子の権利が明記されています。

種苗法も今までは、21条2項によって、登録された新しい品種だったとしても、農業者が自家増殖によって翌年、翌々年と増殖を続けることも、その収穫物をどのように加工して販売することも自由、とされてきたのです。しかし、21条3項には農林水産省が例外を定めることができると規定されていました。この規定で例外とされたのは、最初はバラなどの花類、次にシイタケなどのキノコ類だけでしたが、ＴＰＰが署名された後の2～3年の間に急速に増え、大根、人参、カボチャ、キュウリ、キャベツ、ブロッコリーなどに広がり、２０１８年には31種類が追加され、今では私たちが日常食べている野菜も含めて３８７種類が自家増殖（採種）禁止となっています。違反したら10年以下の懲役または１０００万円以下の罰金を科され、共謀罪の対象にされています。

自家増殖が禁止されるとどうなるか

種苗法が改定されて自家増殖、自家採種が原則禁止されると、どのようなことが生じるのでしょうか。

イチゴなどの農家はこれまで10本ほどの種苗を買えば足りましたが、数千本の苗を購入するか、育種権者から許諾を受けなければならなくなり、莫大なコストがかかるようになります。

コメの場合でも同様な問題が起きてきます。「優良品種の持続的な利用を可能とする植物新品種の保護に関する検討会」の5回目の検討会に、有機ＪＡＳや特別栽培の基準を満たすコメ作りを進める農業生産法人「横田農場」の代表取締役、横田修一さんが出席し、自家採種禁止になった場合の状況を説明しました。

横田農場ではあきたこまち、一番星など11種類のコメを栽培しており、種子を毎年購入するのは経営的に大変な負担になるため、毎年8品種６６７０キロのコメの種子を自家採種しているのです。自家採種を続けると花粉の交雑などでどうしても品質が劣化してくるので、毎年４００キロの登録された種子を購入し、それを種子用として増殖してきました。

自家採種が一律禁止になると、登録されて育種期間がまだ残っている種子6トン余りをすべて購入しなければならなくなり、試算によれば３５０万円から４９０万円の種子代を余計に出費せざるをえなくなるそうです。種子法が廃止されて公共の種子がなくなれば、民間から、三井化学のみつひかり、住友化学のつくばＳＤ、日本モンサントのとねのめぐみなどを購入しなければならなくなります。みつひかりは購入価格が各都道府県の公共の種子の8倍から10倍もする高価格ですから、横田農場が種苗法改定によって新たに負担する金額は２０００万円から４９００万円になると考えられます。農家がこのように多大な負担を強いられることになれば、日本で農家は農業を続けられなくなります。

みつひかりはＦ１の種子で、タネを採って翌年播いてもほとんど発芽しないため、毎年購入しなければならなくなります。しかもＦ１の種子は海外で90％、大企業によって栽培されており、価格はかつて1粒1円か2円だったものが今では40円から50円になっています。Ｆ１の種子によって収穫された野菜については、人参などのカロチン栄養価は3分の1に減っている、との研究論文も米国の大学で発表されています。

ちなみに、政府は種苗法を改定して自家増殖禁止にしなければならない理由の一つとして、シャインマスカットのような日本が開発した優良な品種が海外に合法的に流出するのを止めなければならないから、と説明しています。しかし、これも明らかに間違いです。登録された育種権は現行の種苗法でも第三者への譲渡は禁止されているので、海外への流出を止めるには宮崎県が肉牛の種苗（精液）の流出を刑事告訴したように、現行法の範囲内でも十分に対応できます。海外の取り締まりをするには中国、韓国などで意匠登録などの商標登録、または育種登録をすれば足りるのです。

ゲノム編集された種子の流通も企図

さらに心配なことに、政府はすでに、コメなどの種子に遺伝子組み換え、ゲノム編集の種子の流通を用意しています。消費者庁は２０１７年から、遺伝子組み換え食品は安全であることを国民に周知徹底させるとしており、２０２３年から遺伝子組み換えの表示義務もなくなります。

また、ゲノム編集について厚生労働省、消費者庁、農林水産省は、「遺伝子組み換え技術であっても元の個体になかった遺伝子を外部から導入するものではないため、アミノ酸に変化は起こらず安全」として、２０１９年10月より、ゲノム編集による食品は任意の届出制とし、しかも何の表示もないままに店頭で販売することを解禁しました。

政府は、自然界の突然変異と変わりはないと主張しますが、これも明らかに間違いです。ゲノム編集前とゲノム編集後の遺伝子を調べれば、①遺伝子の配列は、突然変異であればアトランダムになるがゲノム編集ではいくつか並行して変わる、②ゲノム編集に使うクリスパーキャスナインという技術（特許はモンサント社が所有）は、狙った遺伝子のところまで酵素が誘導するがその酵素は残留する、ことなどが明らかになっています。

先日、弁護団の共同代表を務める筆者は米国サンフランシスコに赴き、遺伝子組み換え、ゲノム編集について世界で右に出る人はないと言われるカリフォルニア大学のイグチヌアス・チャペル教授を訪ね、話を聞くことができました。

教授によると、ゲノム編集は遺伝子を切り取るのではなく狙った遺伝子を壊すもので、これによって周りの遺伝子や似たような遺伝子も壊されてしまいます。教授は「相互にコミュニケーションを取り合っている遺伝子のバランスが崩れて思いがけない副作用が必ず起こるため、どのような毒素が出てくるか分からない恐ろしいものだ」と指摘し、このようなものを食品にしてはならないと断言していました。

さらに不安なことがあります。政府は２０１９年9月30日、ゲノム編集したコメなどの種子、食品については、遺伝子組み換えでなく有機農産物の認証の表示ができる方向で、第1回目の検討会を開きました。委員からは、これでは日本の有機農産物は輸出ができなくなるとの異論が続出しました。

世界の潮流は、ＥＵはもちろんロシアや中国も、遺伝子組み換え農産物は作らせない、輸入させない方向に大きく舵を切っており、日本だけが逆走していることになります。

食の安全を地方から守る

私たちは地方から、種子法の廃止、種苗法の改定、ゲノム食品に対峙して暮らしを守ることができます。

私たちには権利があります。種子法が廃止されても、現在10を超える道県で種子法に代わる条例が制定されています。地方の条例が伝統的なコメ、麦、大豆の公的な種子を守ろうとしているように、地方の力で種苗の自家増殖（採種）を守ることはできます。

まず、私たちの住んでいる市町村で知り合いの議員を通じて、地方自治法に基づき、国に対して種苗法改定に反対の意見書を出してもらうように働きかけましょう。住民ならば誰でも、市町村の窓口で手続きすれば、地方議会は審議しなければならないのです。そうなれば与党の自民党、公明党の議員も種苗法の自家増殖禁止について勉強することになります。種子、種苗、ゲノム編集は私たちの子供たちの命と健康にかかわるものですから、種子法の条例のように与党も野党もありません。

種苗については、広島県が30年前にジーンバンクを設立し、伝統的な固定種を発掘調査して保存管理し、農家に種子を無償で貸し出していました。そのような「種子種苗条例」を地方自治体で制定してはいかがでしょうか。また、ゲノム編集については今治市が設けた遺伝子組み換え食品を事実上作らせない条例（違反した場合の刑罰も規定）を各市町村で制定したらいかがでしょうか。

私たちＴＰＰ交渉差止・違憲訴訟の会は、種子法廃止違憲確認訴訟を提起しています。ぜひ読者の皆様にも参加していただきたいと思います。種苗法の改定案について反対し、読者の皆様と共に国会で採決させないたたかいをしていければ、と願っています。

あとがき

早いものです。私がまだ議員のころの２０１３年、名古屋に岩月浩二弁護士を訪ねて相談したことがありました。ＴＰＰ協定は私たちの憲法上保障された基本的人権を損ない、ＩＳＤＳ条項（投資家対国家の紛争解決）は日本の最高裁判決を多国籍企業の代理人弁護士３人の決定で覆すことを認めるもので、日本の国家主権を侵害することになるから、交渉差止違憲訴訟を提起しよう、と持ちかけたのです。その時はにべもなく断られました。

その後、今日まで訴訟を支えて弁護団会議をお世話いただいた吉田美佐子さん、溝口眞理さんの紹介で池住義憲さんにお会いし、ＴＰＰ違憲訴訟は動き出しました。池住さんは自衛隊イラク派兵が違憲であることの判決（２００８年4月、名古屋高裁）を勝ち取った当時の訴訟の会代表です。

そして２０１５年5月、ＴＰＰ交渉は憲法が定める国民の生存権や幸福追求権、国民の知る権利を侵害するとして、東京地方裁判所に提訴しました。この訴訟に賛同し、支援するために設立した「ＴＰＰ交渉差止・違憲訴訟の会」（当時の会長は原中勝征・元日本医師会長）の会員は、６０００人を超えていました。

それから3年半経った２０１８年10月、最高裁の決定が出されました。ＴＰＰ協定は未だ発効しておらず、それに伴う法律の改正等もなされていないので国民の権利義務に変わりはない、として私たちの訴えを棄却した地裁・高裁の判決が確定したのです。

しかし、その高裁判決は画期的な認識を示していました。「種子法廃止はＴＰＰ協定が背景にあることは否定できない」として、その関連を認めたのです。その後の水道法の改定、市場法の事実上の廃止、漁業法の改定はすべて、ＴＰＰ協定とその交渉の影響といえます。

種子法廃止、種苗法改定は深刻な影響を及ぼします。これによって、日本の伝統的な安全安心な種子が失われ、モンサント社などの多国籍化学企業によるゲノム編集、遺伝子組み換えの種子に支配されることになります。

私たちの新しい闘いは始まりました。弁護団は新しいメンバーも加わって毎月1〜2回、東京の事務所に集まり、廃止された種子法や近く法改正で自家採種禁止になる種苗法、「ラウンドアップ」の主成分グリホサートの残留農薬基準の突然の大幅緩和などについて、専門家や憲法学者を呼んで勉強会を重ねました。激しい議論を交わしながら、食料主権を主軸とした80頁に及ぶ訴状をようやく完成させたのです。自画自賛ですが立派なものです。この本は、マンガも入れてより分かりやすく書きまとめたものです。これならば胸を張って、私たちの食料、命、健康を守るために、日本の司法と闘うことができると確信しています。

２０１９年11月

ＴＰＰ交渉差止・違憲訴訟弁護団共同代表／ＴＰＰ交渉差止・違憲訴訟の会幹事長

山田　正彦

種子法廃止等に関する違憲確認訴訟の概要

池住　義憲（訴訟の会代表）

2015年５月から2018年10月までの３年半、私たちは、TPPそのものとその交渉プロセスの違憲性を司法に問うてきました。裁判所は、政府の行為によって生じた市民への権利侵害や苦痛・不安を救済する最後の砦であること、を信じて。

結果は、残念ながら2018年10月、最高裁判決で棄却となり、裁判は終結しました。しかし、控訴審判決で、種子法廃止の背景にTPPがあることを裁判所に判示させることができました。今回あらたに提訴した「種子法廃止等に関する違憲確認訴訟」は、そうした経緯を踏まえ、食の安全と持続可能な農業を取り戻し、私たちの「食料主権」を守る闘いです。

提訴したのは、2019年５月24日。正式名称は『種子法廃止違憲確認等請求事件』（事件番号：令和元年〈行ウ〉266号）で、東京地裁民事２部係属となり、原告は1,315名。

裁判は、法廷内だけでの闘いではありません。訴状をかみ砕き、分かり易く一人でも多くの市民と共有し、学習会や講演会・シンポジウムなどを積極的に行っていく。法廷での闘いは、「弁論」。社会への働きかけは、「世論」。「理論」は、学者・専門家との協働・連携で。この三つの「論」を効果的に組み合わせた裁判運動が本訴訟です。

以下、本訴訟の請求趣旨、弁護団紹介、支援する訴訟の会紹介を簡略に記します。

●請求の趣旨

1　主要農作物種子法を廃止する法律（平成29年法律第20号）は違憲無効であることを確認する。

2　原告番号１の原告は、主要農作物種子法（昭和27年法律第131号：以下「種子法」という）に定められた「ほ場審査その他の措置」（法１条）を受けて生産された種子を用いて主要農作物を栽培できる地位にあることを確認する。

3　原告番号２の原告は、種子法に定められた都道府県による「ほ場審査その他の措置」（法１条）を受けて生産された種子を用いて栽培された主要農作物の供給を受ける地位にあることを確認する。

4　原告番号３の原告は、自らの所有するほ場が種子法の「指定種子生産ほ場」（法３条）として都道府県によって指定される地位にあることを確認する。

5　被告は、原告らに対して、各１万円を支払え。

6　訴訟費用は被告の負担とする。

との判決を求める。

●TPP交渉差止・違憲訴訟弁護団　（五十音順）

浅野　正富（あさの・まさとみ）
1957年生まれ。栃木県小山市在住。1988年弁護士登録。早稲田大学法学部卒業。宇都宮大学農学部非常勤講師

石田　真人（いしだ・まこと）
1967年兵庫県生まれ。東京大学文学部卒業。2000年弁護士登録。2003年公認会計士３次試験合格

岩月　浩二（いわつき・こうじ）
1955年愛知県生まれ。東京大学法学部卒業。元自衛隊イラク派兵差止違憲訴訟名古屋弁護団。弁護団共同代表

古川　健三（こがわ・けんぞう）
1965年青森県生まれ。東北大学卒業。1995年弁護士登録。弁護士法人りべるて・えがりて法律事務所所属

酒田　芳人（さかた・よしと）
1983年奈良県生まれ。京都大学法学部、早稲田大学法科大学院卒業。弁護団事務局を務める

嶋田　久夫（しまだ・ひさお）
1948年群馬県生まれ。早稲田大学法学部卒業。1988年弁護士登録。群馬県高崎市在住

田井　勝（たい・まさる）
1975年生まれ。香川県高松市出身。京都大学法学部卒業。2007年弁護士登録。横浜合同法律事務所所属

辻　恵（つじ・めぐむ）
1948年京都市生まれ。東京大学法学部卒業。元衆議院議員（2期）。元衆議院法務委員会与党筆頭理事

平岡　秀夫（ひらおか・ひでお）
1954年山口県生まれ。東京大学法学部卒業。1998年弁護士登録。元法務大臣（第88代）

三雲　崇正（みくも・たかまさ）
1977年生まれ。東京大学法学部卒業。エディンバラ大学法学修士（EU法、国際商業法）。新宿区議会議員

山田　正彦（やまだ・まさひこ）
1942年長崎県五島生まれ。元農林水産大臣（第51代）。TPP阻止国民会議副代表世話人。弁護団共同代表

●TPP交渉差止・違憲訴訟の会

代　　表：池住　義憲（元立教大学大学院特任教授）

副 代 表：和田　聖仁（弁護士法人伊予四国中央法律事務所所長）

　　　　　永戸　祐三（日本労働者協同組合＝ワーカーズコープ＝連合会理事長）

　　　　　野々山理恵子（生活協同組合パルシステム東京顧問）

　　　　　大信　政一（パルシステム生活協同組合連合会理事長）

　　　　　大河原雅子（衆議院議員）

　　　　　内田　聖子（アジア太平洋資料センター＝PARC＝事務局長）

幹 事 長：山田　正彦

副幹事長：中根　　裕（パルシステム生活協同組合連合会地域活動支援室室長）

幹　　事：松野　玲子（生活協同組合パルシステム東京理事長）

　　　　　庭野　吉也（東都生活協同組合理事長）

　　　　　加藤　好一（生活クラブ事業連合生活協同組合連合会会長）

　　　　　飯沼　潤子（一般社団法人日本社会連帯機構事務局）

会計担当：溝口　眞理

会計監査：筒井　信隆

　　　　　辻　　　恵

事 務 局：柴山好憲　遠藤なみえ　吉田美佐子　溝口眞理

ホームページ／会報制作協力：

　　　　　株式会社パルシステム・リレーションズ（奥留遥樹）

　　　　　http://tpphantai.com

弁護団・訴訟の会所在地：

　　　　東京都千代田区平河町2-3-10-216

訴訟の会　会員募集

【個人会員】　年会費　1口　2,000円（何口でもご協力いただけます）

【賛助団体】　年会費　1口　10,000円（何口でもご協力いただけます）

【申込書送り先・お問い合わせ】

〒102-0093　東京都千代田区平河町2-3-10　ライオンズマンション平河町216

TPP交渉差止・違憲訴訟の会

TEL：03-5211-6880　FAX：03-5211-6886　MAIL：info@tpphantai.com

「種子法廃止違憲確認訴訟」を東京地裁に提訴する原告・弁護団
＝2019年５月24日

執筆者

はじめに　岩月　浩二
第１章〜３章　田井　勝
第４章〜７章　浅野　正富
補論　あとがき　山田　正彦
コラム　平岡　秀夫

企画編集

（訴訟の概要）　池住　義憲

まんが　佐藤ゆうこ

消された「種子法」

2019年11月30日　第１刷発行

編　者　TPP交渉差止違憲訴訟の会・弁護団
発行者　竹村正治
発行所　株式会社　かもがわ出版
〒602-8119　京都市上京区堀川通出水西入
TEL 075-432-2868　FAX 075-432-2869
振替01010-5-12436
ホームページ　http://www.kamogawa.co.jp
印　刷　シナノ書籍印刷株式会社

ISBN978-4-7803-1057-3　C0036

表紙には、国土地理院発行の２万５千分の１地形図を加工して使用しています。